高等职业教育园林类专业系列教材

园林施工图设计与绘制 第3版

YUANLIN SHIGONGTU SHEJI YU HUIZHI

主 编 刘志然 黄 晖

副主编 张 冬 卫 东 陶良如

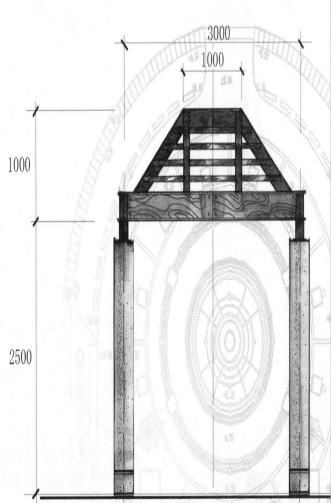

重庆大学出版社

内容提要

本书是高等职业教育园林类专业系列教材之一,是在总结高等职业技术教育经验的基础上,结合我国高等职业技术教育的特点,基于高职学生的知识结构水平和行业对技术人员的要求编写的。本书共分为9章,介绍了园林施工图设计的概念、作用、原则及国家相关的规范和标准,园林施工图文本设计中的方法和要求,园林工程项目的解读要领和方法,总平面图的设计要点、要求和方法,园林地形设计的基本知识、表达方式、设计深度和相关规范,园林建筑及小品的设计要点和表达方式,水景设计的要点和方法,园路设计的概念、设计要点以及铺地的材料、设计方法和表达方式,植物配置设计的原则,以及广场绿地和居住区绿地植物设计的方法和要点。本书配有电子课件,可扫描封底二维码查看,并在电脑上进入重庆大学出版社官网下载。书中还有 25 个二维码,可扫码学习。

本书为高等职业技术教育园林专业教材,也可供建筑工程、给排水等其他相关专业师生参考。

图书在版编目(CIP)数据

园林施工图设计与绘制 / 刘志然, 黄晖主编. -- 3

版. -- 重庆 : 重庆大学出版社, 2022.8(2024.1重印)

高等职业教育园林类专业系列教材

ISBN 978-7-5624-9185-9

Ⅰ. ①园… Ⅱ. ①刘… ②黄… Ⅲ. ①园林—工程施

工—工程制图—高等职业教育—教材 Ⅳ. ①TU986.3

中国版本图书馆 CIP 数据核字(2022)第 092344 号

园林施工图设计与绘制
第 3 版

主 编 刘志然 黄 晖
策划编辑:何 明

责任编辑:何 明　　版式设计:莫 西 何 明
责任校对:张红梅　　责任印制:赵 晟

*

重庆大学出版社出版发行

出版人:陈晓阳

社址:重庆市沙坪坝区大学城西路 21 号

邮编:401331

电话:(023) 88617190　88617185(中小学)

传真:(023) 88617186　88617166

网址:http://www.cqup.com.cn

邮箱:fxk@cqup.com.cn(营销中心)

全国新华书店经销

重庆升光电力印务有限公司印刷

*

开本:787mm×1092mm　1/8　印张:10　字数:243 千

2015 年 8 月第 1 版　2022 年 8 月第 3 版　2024 年 1 月第 10 次印刷

印数:20 621—25 620

ISBN 978-7-5624-9185-9　定价:39.00 元

总　序

改革开放以来,随着我国经济、社会的迅猛发展,对技能型人才特别是对高技能人才的需求在不断增加,促使我国高等教育的结构发生重大变化。据2004年统计数据显示,全国共有高校2 236所,在校生人数已经超过2 000万,其中高等职业院校1 047所,其数目已远远超过普通本科院校的684所;2004年全国招生人数为447.34万,其中高等职业院校招生237.43万,占全国高校招生人数的53%左右。可见,高等职业教育已占据了我国高等教育的"半壁江山"。近年来,高等职业教育逐渐成为社会关注的热点,特别是其人才培养目标。高等职业教育培养生产、建设、管理、服务第一线的高素质应用型技能人才和管理人才,强调以核心职业技能培养为中心,与普通高校的培养目标明显不同,这就要求高等职业教育要在教学内容和教学方法上进行大胆的探索和改革,在此基础上编写出版适合我国高等职业教育培养目标的系列配套教材已成为当务之急。

随着城市建设的发展,人们越来越重视环境,特别是环境的美化,园林建设已成为城市美化的一个重要组成部分。园林不仅在城市的景观方面发挥着重要功能,而且在生态和休闲方面也发挥着重要功能。城市园林的建设越来越受到人们重视,许多城市提出了要建设国际花园城市和生态园林城市的目标,加强了新城区的园林规划和老城区的绿地改造,促进了园林行业的蓬勃发展。与此相应,社会对园林类专业人才的需求也日益增加,特别是那些既懂得园林规划设计,又懂得园林工程施工,还能进行绿地养护的高技能人才成为园林行业的紧俏人才。为了满足各地城市建设发展对园林高技能人才的需要,全国的1 000多所高等职业院校中有相当一部分院校增设了园林类专业。而且,近几年的招生规模得到不断扩大,与园林行业的发展遥相呼应。但与此不相适应的是适合高等职业教育特色的园林类教材建设速度相对缓慢,与高职园林教育的迅速发展形成明显反差。因此,编写出版高等职业教育园林类专业系列教材显得极为迫切和必要。

通过对部分高等职业院校教学和教材的使用情况的了解,我们发现目前众多高等职业院校的园林类教材短缺,有些院校直接使用普通本科院校的教材,既不能满足高等职业教育培养目标的要求,也不能体现高等职业教育的特点。目前,高等职业教育园林类专业使用的教材较少,且就园林类专业而言,也只涉及部分课程,未能形成系列教材。重庆大学出版社在广泛调研的基础上,提出了出版一套高等职业教育园林类专业系列教材的计划,并得到了全国20多所高等职业院校的积极响应,60多位园林专业的教师和行业代表出席了由重庆大学出版社组织的高等职业教育园林类专业教材编写研讨会。会议上代表们充分认识到出版高等职业教育园林类专业系列教材的必要性和迫切性,并对该套教材的定位、特色、编写思路和编写大纲进行了认真、深入的研讨,最后决定首批启动《园林植物》《园林植物栽培养护》《园林植物病虫害防治》《园林规划设计》《园林工程施工与管理》等20本教材的编写,分春、秋两季完成该套教材的出版工作。主编、副主编和参加编写的作者,由全国有关高等职业院校具有该门课程丰富教学经验的专家和一线教师,大多为"双师型"教师担任。

本套教材的编写是根据教育部对高等职业教育教材建设的要求,紧紧围绕以职业能力培养为核心设计的,包含了园林行业的基本技能、专业技能和综合技术应用能力三大能力模块所需要的各门课程。基本技能主要以专业基础课程作为支撑,包括有8门课程,可作为园林类专业必修的专业基础公共平台课程;专业技能主要以专业课程作为支撑,包括12门课程,各校可根据各自的培养方向和重点打包选用;综合技术应用能力主要以综合实训作为支撑,其中综合实训教材将作为本套教材的第二批启动编写。

本套教材的特点是教材内容紧密结合生产实际,理论基础重点突出实际技能所需要的内容,并与实训项目密切配合,同时也注重对当今发展迅速的先进技术的介绍和训练,具有较强的实用性、技术性和可操作性3大特点,具有明显的高职特色,可供培养从事园林规划设计、园林工程施工与管理、园林植物生产与养护、园林植物应用,以及园林企业经营管理等高级应用型人才的高等职业院校的园林技术、园林工程技术、观赏园艺等园林类相关专业和专业方向的学生使用。

本套教材课程设置齐全、实训配套,并配有电子教案,十分适合目前高等职业教育"弹性教学"的要求,方便各院校及时根据园林行业发展动向和企业的需求调整培养方向,并根据岗位核心能力的需要灵活构建课程体系和选用教材。

本套教材是根据园林行业不同岗位的核心能力设计的,其内容能够满足高职学生根据自己的专业方向参加相关岗位资格证书考试的要求,如花卉工、绿化工、园林工程施工员、园林工程预算员、插花员等,也可作为这些工种的培训教材。

高等职业教育方兴未艾。作为与普通高等教育不同类型的高等职业教育,培养目标已基本明确,我们在人才培养模式、教学内容和课程体系、教学方法与手段等诸多方面还要不断进行探索和改革,本套教材也将会随着高等职业教育教学改革的深入不断进行修订和完善。

编委会
2006年1月

前 言

"园林施工图设计"是针对园林设计公司施工图绘图员、园林工程公司施工员、监理工程公司监理等岗位而设的应用型课程。此类岗位要求能熟读施工图、熟练应用 CAD、熟悉施工工艺及流程、具备组织协调能力、较强的合作精神。为了保证"零距离"上岗人才的培养目标的实现,本教材从课程内容体系、案例选择等方面密切配合岗位需求,全面培养学生的专业能力、方法能力和社会能力。

《园林施工图设计》课程是园林设计、园林工程专业的核心课,是园林制图、园林建筑材料与构造、园林工程、园林 cad 等前导课程的综合应用,是实践性非常强的课程。该课程强调经验和过程的学习,主要解决"如何完成职业岗位任务"和"怎么做更好、更快"的问题,它涉及概念、推导、原理的"陈述性知识"很少,本教材内容的选择以过程性知识为主、陈述性知识为辅,即以实际应用的经验和策略的教授为主,以适度够用的概念和原理的理解为辅,在减轻学员负担的同时又能够以快、准、稳的步伐提高教学质量。

由于行业缺乏统一设计标准,可参考的相关教材文献较少,但职业教育又急需应用指导,因此,就编者有限的工作经验,尝试着从高职学生认识特点和将来可能的就业岗位着手,编写了这本教材,希望能为高职院校"园林施工图设计"课程教学提供一本适用的教材,同时对园林专业的施工图设计人员有所帮助。

本次修订增加了 25 个二维码,含视频讲解及图纸,学生可扫码学习。

本教材由刘志然、黄晖任主编,张冬、卫东、陶良如任副主编,具体编写任务如下:第1章、第4章,刘志然、黄晖;第2章,黄晖、刘志然;第3章、附录,刘志然;第5章,黄晖;第6章、第8章,黄晖、张冬;第7章、第9章,张冬。二维码中视频、图纸,刘志然。

本教材在编写过程中,得到亚太(香港)景观设计公司大力支持,同时参考了部分企业设计标准和同学科教材、习题集、网站等文献(见书后的"参考文献"),在此谨向文献的作者深表谢意。

限于编者水平所限,教材中难免有遗漏和不详之处,恳请同行专家、学者和广大读者批评指正。

编 者

2022 年 6 月

目 录

1 园林施工图设计概述

【本章导读】

园林施工图是园林设计从构想到实施的重要环节,需要设计师同时具备美学与技术双重能力,熟悉材料构造、施工工艺、规范表达方法。本章全面介绍施工图设计的内容、要求与设计程序,以及与其他专业的工作关系,最后介绍施工图设计中相关的国家标准与规范。这些规范和精神贯穿于施工图设计过程中。

1.1 园林施工图设计的概念、内容及要求

1.1.1 园林施工图设计的概念

园林施工图是指在初步设计被批准后,深入细化设计图,用于指导园林工程施工的技术性图样。它详尽、准确、清晰地表示出工程区域范围内总体设计及各项工程(建筑小品、假山置石、水景、植物)设计内容、施工要求和施工做法等内容。它是依据正投影原理和国家有关建筑、园林制图标准以及园林行业的习惯表达方式绘制的,是园林施工时定位放线、现场制作、安装、种植的主要依据,也是编制园林工程概预算、施工组织设计和工程验收等的重要技术依据。

应该说以上关于园林施工图的概念是狭义上的一种定义,只涵盖了园林专业施工图;广义上,一套完整的园林施工图应包括园林专业施工图,结构专业施工图,给排水专业施工图,电气专业施工图等。

本书以下的内容不作特殊说明时,园林施工图均指狭义上的定义,即特指园林专业的施工图。本书讨论的园林施工图设计也特指园林专业施工图设计。

1.1.2 园林施工图设计的内容

从内容上讲,园林施工图设计包括种植、道路、广场、山石、水池、驳岸、建筑、土方、各种地下或架空线的设计。一套完整的广义园林施工图包括4大部分:园林土建施工图、园林植物施工图、园林水电施工图、园林结构施工图,在形式上体现为以下内容:

①园林设计总平面索引图(标明分区)。
②总平面布置图。
③总平面定位图。
④总平面竖向设计图。
⑤总平面铺装设计图。
⑥总平面种植设计图及苗木表。
⑦总平面景观照明、浇灌配置图。
⑧分区平面布置图。
⑨分区平面定位图。
⑩分区放大平面铺装设计图。
⑪各区重要节点设计详图。
⑫园林建筑专业施工图。
⑬园林结构专业施工图。
⑭园林水电专业施工图。
⑮施工图设计说明、目录。

1.1.3 园林施工图设计的要求

(1)忠实于方案的要求 园林施工图应该以园林方案设计和园林初步设计为基础,在保持原方案设计风格的基础上优化、细化和深化施工图设计。如果施工图的造型及功能与方案阶段有重大改变,那就需要与甲方沟通并让甲方接受施工图的造型。

(2)遵守相关国家标准和规范要求 图纸要尽量符合国家标准《建筑制图标准》(GB/T 50104—2010)的规定,设计内容应遵守园林景观设计相关规范,如公园设计规范,城市道路绿化规划与设计规范等。除此之外,还应遵守建筑设计相关规范,如建筑消防设计规范等。

(3)细化优化设计 景观设计更多的细节处理都被放在施工图阶段完成,因此,施工图阶段并不只是一个画图的阶段,更合理地说是一个完善并优化设计的阶段。

(4)指导施工的要求 园林施工图设计文件的编制和深度要求,国家没有相应的标准,在工程实践中,施工图设计深度应满足以下4个要求:
①能够根据施工图编制施工预算。
②能够根据施工图安排材料,设备订货和非标准材料的加工。
③能够根据施工图进行施工。
④能够根据施工图进行工程验收。

1.2 园林施工图设计的作用

施工图设计的质量关系到建设单位的投资效益、园林环境的舒适性、运行管理的方便与安

全、使用寿命等。因此,园林施工图设计对于营造一个好的室外空间环境有着重要的作用。

1.2.1　完善园林方案和扩初设计

园林设计一般分为3个阶段:方案设计阶段、初步设计阶段、施工图设计阶段。每个阶段的设计任务、目标以及方法均不同。其中,方案设计是整个园林设计的第一步,这个阶段主要解决园林项目的定性和定位这类宏观问题,依据设计条件和设计任务寻找出一个最佳的构思方案。其设计特点是抓大放小,解决主要矛盾,不会拘泥于细节,这就注定了方案设计一定会将一些细节问题留到下一个阶段来解决。

一般来说,设计单位出于工作效率的考虑会对设计人员进行细化分工,同样是园林专业的设计师,被细分为方案设计师和施工图设计师。因此,园林方案设计和施工图设计往往不是同一个设计师。从园林方案设计进入施工图设计时,施工图设计师要在充分理解方案设计的理念、目标的前提下,对方案进行优化、深化和细化工作。具体表现为以下3个方面:

(1)细化　方案设计师在方案设计阶段仅仅就平面功能把握了园林各要素之间大的功能关系,是否协调可行,如标高坡度,各子区间之间衔接是否顺畅,以及园林中硬地、草地和水面面积的分配是否合理等均需要在这个阶段考虑并调整。

(2)优化　对平面关系的调整有可能影响到方案原来的布局,方案阶段不可能考虑得面面俱到,这就需要施工图设计师与方案设计师及时充分地沟通,在确保设计方案的风格和大的功能关系不变的前提下对方案进行优化设计。当然,如果确实由于方案设计出现大的疏漏,需要作较大的修改,则需要知会建设方,在征得建设方同意的前提下,调整方案、优化设计。因此,施工图设计绝不仅仅是细化方案的机械的过程,它自始至终贯穿着二次创作,一个优秀的施工图设计师,会为好的方案锦上添花,也会为一个不好的方案及时敲响警钟。

(3)对方案、初步设计的深化　方案阶段的平面图只反映了大的比例关系,施工图阶段就得深入下去,如水景的规模多大,铺装材料的等级规格纹理,以及园林建筑的门窗、卫生间等,都需要在这个阶段调整到位。

方案阶段是抓大放小,方案放的“小”是我们在施工图阶段要抓的,这个“小”往往可能会反过来影响“大”,施工图设计往往对方案设计具有反作用。

园林建筑立面图中的每根线条是不是都能做出来? 梁底的高度是否符合规范要求? 弧形平面的景墙支模是不是容易操作? 花池池壁尺寸是否符合砖的模数? 这些问题必须在施工图设计阶段考虑周全,不能有半点尺寸差错,否则会给施工带来麻烦甚至耽搁工期。

1.2.2　协调各专业之间的设计矛盾

园林设计需要其他专业的设计与之相配合,才能使施工图设计成为完整意义上的设计,这就存在着各专业之间的协调设计。

在方案阶段,园林设计往往只关注园林专业的设计矛盾,结构专业只有在大的受力构件上介入,如假山,而给排水专业和电气专业几乎不会介入方案设计。因为方案阶段的设计思路

就是抓大放小,否则可能会因小失大,降低设计效率,影响设计效果。所以施工图阶段的一个重要任务是各专业共同协作,完善方案设计,共同深化、细化、优化设计,完成施工图的再创作。

1.2.3　为施工准备齐全的设计文件

好的方案想变成现实,必须有一套准确、完整、翔实的施工图作为指导。施工图设计师必须考虑从方案的总体框架到每一个细部尺寸和工程的具体做法,并以图纸形式交代清楚。因此,施工图纸是施工时的重要设计文件。有了施工图纸,建设单位才能组织编制施工预算,进行施工招投标,施工单位才能安排施工进度、备料进场等施工前期的准备工作,才能按图纸组织施工顺序,完成园林设计中的各项内容。施工中的每一个步骤无一不是在施工图的规定下完成的。任何违背施工图设计的施工作业轻则使园林方案被篡改,重则造成返工而使施工单位遭受经济损失和工期延误,最终导致建设单位利益受损,严重时甚至要承担法律责任。因此,施工图应被视为法律文件,是一项工程实施的准则。

一套施工图质量的好坏直接关系到工程实施后的效果。高质量的施工图应该是全面完整地反映了方案的精髓,详尽合理地给出了每个细节的详图,并与其他专业协调一致的好图。好图应该让施工人员很容易读懂,少问甚至不问施工图设计师。

当然,再好的施工图纸也不可能一劳永逸地解决施工中的所有问题。例如,施工中突然出现的特殊情况,而设计条件没有涵盖到,这时就需要设计师赶到施工现场,根据现场情况制订具体的解决方案,有时可能还需要各专业的设计人员协同才能解决。具体的解决方案须以修改的形式通知建设方和施工方,修改通知单也是施工图的组成部分,同样具有法律文件效用。因此,施工图具有动态成长性。

也有些是设计中很难避免的小的错漏碰缺,审图时没有检查出来,施工中就暴露了出来。就施工图设计而言,没有最好只有更好。如果是施工图交代不清或者自相矛盾的,设计师应尽快出具修改通知单,如果图纸上看不出或仅凭图纸解决不了,应尽快赶赴现场进行处理并出具修改通知。总之,施工图设计师对于工程建设的全过程都要负责。

1.3　园林施工图设计的原则

1.3.1　遵守设计规范的原则

设计规范是设计的准则,是规范设计行为的准绳。有关园林设计的国家规范不是太多,对不同的项目有不同的规范。对于居住区园林设计,多参照建筑的相应规范,如消防车道、防火间距、栏杆高度等的要求,甚至有关建筑节能的要求;公园项目有《公园设计规范》(GB 51192—2016),公园内的建筑也遵守建筑的相应规范。对于规范中的强条必须严格执行,不能为了外观的造型而忽视规范,否则造成的后果设计师要负全责。因此在做施工图设计之前,设计师必须要有规范意识,熟悉了解国家和地方关于建设与设计的相关规范、标准图集等,这是一个设计师的基本职业素质。

1.3.2 再创作的原则

园林施工图设计不是方案设计机械的转化，在这个过程中有着很大的再创作空间。例如，广场铺地设计中材料及图案的设计，方案阶段往往不会设计到这样的细节。

1.3.3 为使用者服务的原则

园林设计是一种创造性的行为，其最终目的是为人服务的，因此设计时应时时处处体现以人为本的理念，人性化的设计是对人最好的尊重。例如，应考虑不同年龄段、不同性别、不同性格人群的不同需求，甚至于四季变幻、晨昏雨晴等不同环境情况下人们的不同需求，根据人体工程学和环境心理学的原理，设身处地为各色人等各种情况下的需求量身设计，才能真正谈得上是以人为本，以将来潜在的使用者为本。

如广场，白天更多的是一个展示空间，是以参观者的需求为设计导向，而夜晚则可能以附近居民健身交流等为主要功能，白天与晚上使用者变了，功能需求也变了，设计时应能充分体现使用者的需求。

1.3.4 为方便施工和建设方利益着想的原则

园林方案设计师的作品总希望能不走样地变成现实，这需要两个条件：一是施工图设计师的精心设计；二是施工单位的优良施工工艺。两者缺一不可。

对施工图设计师而言，了解园林材料和施工工艺，在设计时就充分考虑施工的可能性以及材料的可塑性，设身处地为施工着想，可以对材料的特性扬长避短提高施工效率，降低施工难度和成本；多为施工考虑，图纸有足够的深度，各部分自圆其说，交代清楚，方便施工人员看懂和实施。这是一个设计师的责任心和职业操守的体现。

设计时应站在建设方的角度，在保证设计效果的前提下，尽量降低建设成本和建设周期，这就要求设计师多了解一些工程造价方面的知识，有一定的成本控制意识，才能设身处地地为建设方的利益考虑。只有做到了这些，才是一个有责任心和成熟的施工图设计师。

1.4 园林施工图设计的程序

园林专业的设计按顺序分3个阶段，如前所述分别是方案设计阶段、初步设计阶段和施工图设计阶段。园林施工图设计是在方案设计和初步设计的基础上进行的，是设计的最后一个环节，3个设计阶段是纵向发展的递进过程。

就一个园林工程的施工图设计而言，园林专业是龙头专业，园林专业的设计必须走在前面，

引领其他专业的设计配合。但园林专业施工图设计又与结构专业、给排水专业、电气专业等的施工图设计同步进行，只有其他专业的施工图完成了，园林专业的施工图才能真正完成。

一个工程的园林专业施工图设计的内容一般包括道路地形设计、建筑小品设计、水景设计、铺装设计、植物设计等，复杂工程可能会多一些内容，如假山。

结构专业施工图设计的内容一般包括园林建筑与小品的结构设计、水景结构设计、假山结构设计，甚至大型挡土墙结构设计等。

给排水专业施工图设计内容包括植物灌溉给水、水景给排水设计、雨水排水设计等。

电气专业施工图设计内容包括植物灌溉、水景电气设计、照明电气、背景音乐、网络设计等。

1.5 园林设计师在施工图设计阶段的工作内容

园林施工图设计在程序上具有以下两个特点：

①园林专业各要素施工图设计之间是互动进行的。尽管首先是进行平面施工图设计，但平面的真正完成还有待立面、剖面甚至详图确定之后才能结束，如相关内容与尺寸反馈到平面图中，平面图才真正达到设计深度；而各节点的详图必须在平面图的技术设计基础上进行。

②园林、结构、给排水、电气各专业的施工图设计是交叉进行的，互相提出条件，逐步递进达到协调，共同完成对方案的技术阐述和图形表述。专业之间的相关内容的设计必须保持统一协调。例如，水景设计时，园林专业为水专业的水泵预留的泵坑大小，必须在施工图设计早期与水专业工程师协调好并取得共识，否则到后期才处理这个问题，很可能为泵坑的位置影响水景的整体效果，或者将前面已经做好的施工图设计废掉重做，影响设计进度。

1.5.1 向各专业提交设计条件图

在园林施工图设计之前，园林设计方案须经结构、给排水、电气等专业的基本认可。如果专业间有矛盾，或者方案在技术上不可行之处，必须尽快沟通，方案设计师、各专业施工图设计师会同解决带有方案变动性质的问题。

园林专业是龙头专业，在施工图设计之初，要求园林专业尽早向其他专业提交设计条件图或者与各专业工程师及早沟通。如给结构专业提交建筑平立剖面图、水景平立剖甚至节点图、大挡土墙的尺寸；给水专业提交水景平立剖面图，与水专业工程师沟通雨水排放方式和地形趋势；给电气专业提交水景平立剖面图，夜间照明布局图等，总之凡是涉及其他专业设计的内容，一定要与那些专业及早沟通，及时提交条件图。一方面不要因为没有及时提交影响设计质量；另一方面，不能影响设计进度。

1.5.2 深化园林施工图

在向各专业提交了设计条件图之后，园林专业施工图也还需要深化、细化和优化。如节点

大样、设计说明，甚至已提交的各部分的平立剖面图也有可能出现纰漏，这阶段是完善园林施工图的时期，如果问题较大需要向其他专业说明重新提交条件图。

1.5.3 与结构、给排水、电气等专业协作完善施工图

结构、给排水、电气专业在设计进行到一定程度后，要向园林专业返提条件图，如水景设计时，水专业根据水泵规模要求一定大小的泵坑位置，电气专业对夜间水景效果的要求等，都需要返提给园林专业，并反映在园林专业的施工图上。如果不合适，还需要再协商才能达成共识，因此，施工图设计往往需要各专业间之间反复几个轮回后才能最终达成共识，共同完成设计。

1.5.4 完成园林施工图

在接受了各专业返提的条件图后，园林专业就可以继续完善自己的施工图了。

园林作为龙头专业有责任统筹核对其他专业的设计，看各专业间的设计是否匹配，与园林专业的设计是否吻合，争取在出图之前发现问题并及时解决。

1.6 园林施工图设计相关规范和标准

1.6.1 园林施工图制图相关标准

参照中华人民共和国建设部关于城市规划和建筑设计的制图标准：

(1)房屋建筑制图统一标准 GB/T 50001—2017。

(2)总图制图标准 GB/T 50103—2010。

(3)建筑制图标准 GB/T 50104—2010。

(4)城市规划制图标准 CJJT 97—2003。

(5)风景园林图例图示标准 CJJ 67—2015。

1.6.2 园林施工图设计相关规范

(1)民用建筑设计通则 GB 50352—2019。

(2)建筑地面设计规范 GB 50037—2013。

(3)住宅设计规范 GB 50096—2011。

(4)城市道路和建筑物无障碍设计规范 JGJ 50—2001。

(5)城市居住区规划设计规范 GB 50180—2018。

(6)城市道路设计规范 CJJ 37—90。

(7)城市道路交通规划设计规范 GB 50220—1995。

(8)公园设计规范 GB 51192—2016。

(9)城市用地竖向规划规范 CJJ 83—1999。

(10)风景名胜区总体规划标准 GB/T 20298—2018。

(11)城市道路绿化规划与设计规范 CJJ 75—1997。

(12)城市绿地分类标准 CJJT 85—2003。

如果是建筑物广场或附近的绿地设计，还应参考相应建筑物的设计规范。例如，体育馆建筑的绿地设计，就应该参考《体育建筑设计规范》(JGJ 31—2019)的相关条文。

1.6.3 园林施工图设计标准图集

目前，中国建筑标准设计研究院组织编制的有关园林景观设计的标准设计图集有：

(1)环境景观(室外工程细部构造) 03J012—1。

(2)环境景观(绿化种植设计) 03J012—2。

(3)环境景观(亭廊架之一) 04J012—3。

(4)环境景观(滨水工程)10J012—4。

(5)建筑场地园林景观设计深度及图样 06SJ805。

1.6.4 图例

园林施工图设计常用到的图例有风景园林图例、总平面图例、建筑材料图例、构造及配件图例以及结构、水电等专业图纸用到的钢筋表示方法、给排水工程常用图例、电气常用图例等。

2 园林施工图文本设计

施工图文字部分涵盖封面、设计说明、目录等内容。设计说明是项目的基本情况,对材料、施工的基本要求,常规做法,整套图纸的逻辑顺序通过图纸目录来体现。本章重点是图纸目录的编排。

相对于建筑设计,园林施工图设计内容更灵活、庞杂、细碎,需要表达的细节更多。例如,建筑设计一般只需指明面层材料和规格即可,面层具体做法一般有标准图集引用,不用管地面或墙面面层铺装的纹样;而园林设计则需要对大量的平面、立面面层纹样进行设计,如广场地面、树池和景墙立面铺装样式等。国家关于园林施工图设计方面的规范和标准比较少,园林施工图可以参考建筑、城规的制图标准与设计表达方式,形成园林施工图文本。从某种意义上讲,园林施工图文本本身就是一种设计。

2.1 编制施工图图纸目录

2.1.1 编制要求

编制施工图图纸目录是为了说明该工程由哪些专业图纸组成,其目的是为了方便图纸的查阅、归档及修改。图纸目录是一套施工图的明细和索引。

图纸目录应分专业编写,园林、结构、给排水、电气等专业应分别编制自己的图纸目录,但若结构、给排水、电气等专业图纸量太少,也可以与园林专业图纸并列一个图纸目录,成为一套图纸。

2.1.2 编制格式

图纸目录应排列在一套图纸的最前面,且不编入图纸的序号中,通常以列表的形式表达。

图纸目录图幅的大小一般为 A4(297×210),根据实际情况也可用 A3 或其他图幅。

图纸目录表的格式可按各设计单位的格式编制。一般图纸目录表由序号、图纸编号、图纸名称、图幅等组成,有的还有修改版本和出图日期统计。各设计单位可根据自己的情况增减,见表2.1。序号应从"1"开始,直到全套图纸的最后一张。不得空缺和重复,从最后一个序号数可知全套图纸的总张数。

表2.1 空白图纸目录

项目名称		设计阶段	施工图设计
		专业	年
图纸目录	0 园施	第xx页	共xx页

序号	图纸名称	图纸编号 新制	图纸编号 复用	图纸规格
1				
2				
3				
4				
5				
6				
⋮				

	设计	校对	审核	工程负责	审定	备注:
姓名						
签名						
日期						

图纸目录中的图纸编号、图纸名称应该与其对应的图纸中的图纸编号、图纸名称相一致,以免混乱,影响识图。

2.1.3 图纸编排顺序和编号设计要点

1)图纸编排顺序

园林专业全套施工图纸一般包括总图和详图两大部分,图纸排序先排列总图图纸再排列详图图纸。各个专业图纸目录参照下列顺序编制:

(1)总图(L-ZT-XX) 总平面竖向/排水图、尺寸定位图、坐标定位图、方格网定位图、铺装索引图、施工总索引图及景点设施布置图等。

(2)详图(L-YS-XX)　节点详图、道路铺装详图、水景详图、景观建筑详图、小品详图等。

(3)绿化(L-LS-XX)　种植设计说明、苗木表、乔灌木种植平面图、地被种植平面图、种植网格放线图等。

(4)水施(L-SS-XX)　喷灌设计说明、喷泉系统图、喷灌平面图、喷灌系统图、喷泉喷灌节点等。

(5)电气(L-DS-XX)　电气设计说明、电照系统图、电照平面图、背景音乐系统图、背景音乐平面图、电气施工节点等。

备注:各专业的设计文件应经严格校审、签字后,方可出图及整理归档。

2)图纸编号设计

当图纸内各专业的分区相同时,图号排序规则如下:

总-00　设计说明 A2

总-01　总平面分区及放线图 A2

通-01　本工程通用节点 A2

通-0X　植物苗木表 A2

······

1-0-1　一区铺装及索引图 A2

1-0-2　一区放线及竖向图 A2

1-0-3　一区乔灌木种植图 A2

1-0-4　一区乔木种植图 A2

1-0-5　一区灌木种植图 A2

1-0-6　一区景观给排水平面图 A2

1-0-7　一区景观照明平面图 A2

1-1-1　一区节点一详图一 A2

1-1-2　一区节点一详图二 A2

······

1-2-1　一区节点二详图一 A2

1-2-2　一区节点二详图二 A2

······

2-0-1　二区铺装及索引图 A2

2-0-2　二区放线及竖向图 A2

······

2-1-1　二区节点一详图一 A2

2-1-2　二区节点一详图二 A2

······

图纸内各专业的分区不相同时(但园建与植物专业的分区应一致,由园建专业调底图并分区后共享给植物专业),各专业必须出各自专业的索引图;图号排序规则按各专业要求编排,并分各专业出目录,见表2.2。

表2.2　图纸目录范例

序号		图纸名称	图纸编号	图幅	附注
01	总说明部分	设计总说明	L0-01	A2	
02		种植设计说明	L0-02	A2	
03		种植示意图	L0-03	A2	
04		乔木苗木表	L0-04	A2	
05		灌木苗木表	L0-05	A2	
06	总图部分	总平面图	L-01	A1	
07		分区索引平面图	L-02	A1	
08		网格坐标定位总平面图	L-03	A1	
09		尺寸定位总平面图	L-04	A1	
10		竖向设计总平面图	L-05	A1	
11		铺装总平面图	L-06	A1	
12		灯具总平面图	L-07	A1	
13		通用做法大样	L-08	A1	
14		乔木种植图一	L-09a	A1	
15		乔木种植图二	L-09b	A1	
16		乔木种植图三	L-09c	A1	
17		乔木种植图四	L-09d	A1	
18		灌木种植图一	L-10a	A1	
19		灌木种植图二	L-10b	A1	
20		灌木种植图三	L-10c	A1	
21		灌木种植图四	L-10d	A1	
22	详图部分A区	A区索引平面及尺寸定位平面图	LA-01	A2	
23		A区竖向平面及铺装平面图	LA-02	A2	
24		A区场地详图	LA-03	A2	
25		残坡详图	LA-04	A2	

深圳市xx设计有限公司　　园林专业图纸目录　　设计号／日期

设计总负责人		专业负责人		建设单位		图别 园施
						图号
审定		设计		工程名称		版本号 A
核对		制图		子项名称		共2页 第1页

序号		图纸名称	图纸编号	图幅	附注
26	详图部分B区	B区商业街索引平面图	LB-01	A2	
27		B区商业街尺寸定位平面图	LB-02	A2	
28		B区商业街竖向平面图	LB-03	A2	
29		B区商业街铺装平面图	LB-04	A2	
30		B区入口台阶详图	LB-05	A2	
31		B区挡土墙一、二详图	LB-06	A2	
32	详图部分C区	C1国际沙龙索引平面图	LC1-01	A2	
33		C1国际沙龙尺寸定位	LC1-02	A2	
34		C1国际沙龙竖向平面图	LC1-03	A2	
35		C1国际沙龙铺装平面图	LC1-04	A2	
36		C1区国际沙龙剖面图	LC1-05	A2	
37		C1区观波平台图	LC1-06	A2	
38		C1区跌水详图	LC1-07	A2	
39		C1区观波、特色景墙及树穴详图	LC1-08	A2	
40		艺术家景墙详图	LC1-09	A2	
41		沙龙景墙详图	LC1-10	A2	
42		特色景墙详图	LC1-11	A2	
43		C1区铺装详图	LC1-12	A2	
44		C2区平面图	LC2-01	A2	
45	详图部分D区	D区索引平面图	LD-01	A2	
46		D区尺寸定位平面图	LD-02	A2	
47		D区竖向平面图	LD-03	A2	
48		亲水平台、驳岸详图	LD-04	A2	
49		特色金属桥详图	LD-05	A2	
50		护栏、休闲椅详图	LD-06	A2	

深圳市xx设计有限公司　　园林专业图纸目录　　设计号／日期

设计总负责人		专业负责人		建设单位		图别 园施
						图号
审定		设计		工程名称		版本号 A
核对		制图		子项名称		共2页 第2页

2.1.4　图纸名称编制要点

园林设计内容庞杂,设计要素非常个性化,这就决定了其图纸名称和设计要素的命名特别重要,含糊不清的名称易使图纸索引混乱,读图困难,给工程各方造成不良影响和后果。

图纸名称和设计元素的命名原则如下:

①尽量用方案设计时取的名称。如"镜花秋月区详图",一方面与方案设计有历史的连续性,工程各方已经先入为主;另一方面有助于设计师在施工图设计时就考虑到对方案的忠实性。

②冠以所属区域。如A区景墙详图、B区水景详图,如果A区不止一个景墙,则需该景墙名前加一定语命名,如A区曲面景墙。

③根据其功能、材料、几何特征等来命名。如观演广场详图、铁艺栏杆详图、特色拱桥详

图等。

④命名不要抽象要尽量具体。如"欧派详图"就不如"欧派亭详图"让人更易理解(这是一个亭子的详图);场地详图就不如场地平面详图更准确。

⑤全套图纸中不允许有同名图纸或同名设计元素出现。如果项目中有多个不同形式的树池、花池,则需分别为其命名,如A区圆形花池,B区特色树池等。

2.1.5 图纸版本及修改标记

1)施工图版本号

第一次出图版本号为0,第一次修改图版本号为1,第二次修改图版本号为2。

2)方案图或报批图等非施工用图版本号

第一次图版本号为A,第二次图版本号为B,第三次图版本号为C。

3)图面修改标记

图纸修改可以以版本号区分,每次修改必须在修改处作出标记,并注明版本号。简单或单一修改尽量使用变更通知单。

2.1.6 通用图

通用图是整个工程可能都会用到的共享图,包括人行道、车行道、挡土墙、排水沟、花池、围墙等断面做法大样。如果园路铺装有标准段做法,也一并编成通用图。

2.2 施工图设计总说明

施工图设计说明是对图样中无法表达清楚的内容用文字加以详细的说明,它是园林施工图设计的纲要,不仅对设计本身起着指导和控制的作用,更为施工、监理、建设单位了解设计意图提供了重要依据。同时,它还是设计师维护自身权益的需要。

施工图设计说明不是施工说明,它是设计单位针对图纸设计的总说明。

园林工程各专业设计说明包括园林、结构、给排水、电气等,工程简单或规模较小时,各专业说明可以合并,内容可以简化,见图2.1。

(1)工程概况　工程名称、建设地点、建设单位、建设规模(园林用地面积);工程性质是建筑场地还是公园绿地,如果是住宅或商业绿地,园林是否建在地下车库上;是否人车分流等。

(2)设计依据　依据性文件名称;本专业设计所依据的主要法规和主要标准(包括标准的名称、编号、年号和版本号);经批准的可行性研究报告;经相关政府部门批准的方案设计、初步设计审批文件(列出批文号)等;甲方相关的会议纪要(列出名称、日期等);甲方提供的有关地形图及气象、地理和工程地质资料等。设计依据也是设计师维护自身权益的依据。

(3)主要指标数据　包括总用地面积、建筑面积、园林用地面积、硬地面积、绿地面积、水面面积、停车场面积、道路面积、绿化率等指标、总概算等。

(4)材料说明　有共同性的,如混凝土、砌体材料、金属材料标号、型号;木材防腐、油漆;石材等材料要求,可统一说明或在图纸上标注。

(5)技术措施　包括墙体、道路、地面、地沟、座椅、变形缝、水景及小品设施、防水防潮做法等的构造说明以及钢材、木材的选用要求和工艺处理等技术措施。

(6)施工要求　对工程施工、种植等方面的特殊要求,新材料、新技术做法及特殊造型要求。

(7)其他说明　该工程其他个性化的要求和说明等;规范性参考文献。

xx居住区绿地系统施工图设计总说明

1 总说明

1.1 工程概况

1.1.1 工程名称：xxxxxxxx景观设计

1.1.2 建设单位：xxxxxxxx有限公司

1.1.3 设计单位：xxxxxxx景观设计公司

1.2 设计依据

1)国家有关现行施工和验收规范、技术规程、标准等。

2)甲方提供详细建筑设计图纸。

3)甲方确认的绿地系统初步设计有关会议纪要传真等。

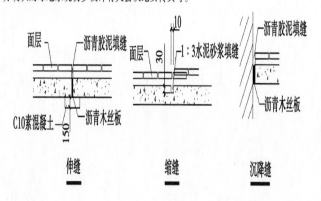

2.通用说明

2.1 地面铺装

2.1.1 适用地基为一般黏土或经过处理的人工地基，各类地面的地基均为素土夯实，如需设灰土、碎石等地基加强层时，由单位设计注明，垫层下填土的压实系数(土的控制干容量与最干容量的比值)不应小于0.95。

2.1.2 地面变形缝设置要求(面层与垫层伸缩应对应设置)。

1)伸缝：采用混凝土垫层时应设置伸缝，其纵向间距应小于30 m。

2)缩缝：采用混凝土垫层均应设置纵向缩缝和横向缩缝，纵向间距不大于4 m，横向间距不大于6 m，缩缝构造为假缝。

3)沉降缝：混凝土地面与柱或两侧荷载相差悬殊时设沉降缝。

2.1.3 消防登高场地做法：保证在消防登高面范围内硬质结构基层，不低于200厚碎石垫层，不低于200厚C20混凝土。

2.2 砌体工程

2.2.1 砌体均为非黏土砖，强度等级(标号)不低于MU7.5，埋地部分用不低于M5.0 水泥砂浆砌筑，地上部分用M5混合砂浆砌筑，挡墙均为M10 水泥砂浆砌筑。

2.2.2 花坛泄水孔，单个花坛应不小于两个，条形花坛每3 m设一个泄水孔，孔口尺寸为60 mm×60 m，预留方钢管。

2.2.3 花池等砖砌体的下部，具实外地坪+60处设防潮层一道，其做法为抹20厚1:2.5水泥砂浆，内掺5%防水剂。

2.2.4 所有铁件预埋、焊接及安装时须除锈，清除焊渣毛刺，露明焊缝须锉平磨光，刷防锈漆(红丹)打底，露明部分一道，不露明部分二道，除特别注明外，铁件面喷涂黑色油漆一道。

2.2.5 户外木构件全部采用经防腐、脱脂、防蛀处理后的平顺板、枋材。上人木制平台选用硬质木，如柚木、橡木或菠萝格木等。原色构件须涂渗渗透性透明保护漆二道，凡属上人平台的户外木结构面涂耐磨性透明保护漆二道。

2.3 水景部分设计说明

2.3.1 图中涉及水景的任何构造均不低于二级防水等级的要求采取防水措施，混凝土池壁应采用防水混凝土，对防水层的层数及防水材料的材质、厚度要求均应符合《地下防水工程质量验收规范》(GB 50208—2019)的要求。

2.3.2 水池的进水口、溢水口、排水坑、泵坑宜设置在池内较隐蔽的地方，要考虑电源、水源、场地排水位置与各坑、口的关系。

2.3.3 较大水池应设变形缝，缝距30 m，变形缝应从池底、池壁一直到池沿整体断开。变形缝处混凝土厚度不小于300 mm，且应确保变形缝处不漏水，变形缝做法见《环境景观室外工程细部构造》(03J012-1)。

2.3.4 水池底部需向泄水口处找0.5%坡。

2.4 结构设计说明

2.4.1 基础位于第二层土粉质黏土层上，地基承载力特征值180 MPa，基础下设100厚C10素混凝土垫层。

2.4.2 材料：混凝土：C20或C25，钢筋：HPB235 HRB335 钢筋，墙体采用MU10 砖，M5 水泥砂浆砌筑。

2.4.3 混凝土保护层厚度：地面以上梁、柱：35，板20，基础:40。

2.4.4 所有基础以下混凝土垫层均为C10。

2.4.5 所有砌墙树池上加设240 高钢筋混凝土圈梁，内配4φ12，φ6@200。

2.5 关于放线定位的说明

2.5.1 放线及定位按图施工，各景观场地及构筑物定位按所在的图纸及放线图定位。

2.5.2 施工放线时如遇到设计图与实际尺寸不符合，按现场实际情况作调整，并应通知设计人员协调解决。

2.6 材料选用说明

2.6.1 所选材料材质或色彩符合总体设计风格的要求，质感、颜色须提交样板经甲方和设计确认后方可应用。

2.6.2 参照图纸及结合本地材料选材。

2.6.3 所有室外家具及灯具须提交样品，并且经甲方和设计师确认后方可应用。

3 其他

3.1 未注明尺寸单位均为毫米(mm)，标高单位为米(m)。

3.2 图中相对坐标±0.000 相对就近点场地坪标高。

3.3 水、电及其他专业设计说明详见各专业图纸。

3.4 说明未尽事宜均应按国家有关现行施工和验收规范、技术规程、标准等执行处理。

图2.1 施工图设计说明

3 园林工程项目解读

【本章导读】

在学习施工图设计前,应对图纸设计流程、各阶段应完成的工作内容有一些基本认识,对项目前阶段的工作、甲方诉求、管理部门的要求应有充分的理解和熟悉。

3.1 园林工程项目的建设程序

基本建设程序是指建设项目在建设过程中所经历的各个阶段、步骤和先后顺序。园林工程建设必须按照基本建设程序进行。园林工程建设的基本程序是:对拟建项目进行可行性研究,编制设计任务书,确定建设地点和规模,进行技术设计,报批基本建设计划,确定工程施工企业,进行施工前的准备工作,组织工程施工及工程完成后的竣工验收等。

园林工程建设项目的生产过程大致可以划分为4个阶段,即工程项目前期准备阶段、设计阶段、工程建设实施阶段和工程竣工验收阶段。

3.1.1 工程项目前期准备阶段

这个阶段又称为立项计划阶段,一般由建设方来操作。

一个项目一旦启动就被称为拟建项目,首先得编写项目建议书说明该项目的立项依据、建设的必要性、建设投资规模、社会和经济效益等,报送决策部门审查。

之后则是可行性研究报告的编制,通过对拟建项目的调查、论证,阐明项目的可行性,它是在项目建议书的基础上更深入地对项目进行论证,以便决策或投资方作出科学、客观的决策。

工程项目的项目建议书和可行性研究报告获准通过以后,拟建项目就被立项。工程的建设计划任务书是项目建设的前提和重要的指导性文件。它要明确的内容主要包括:工程建设单位、工程建设性质、工程建设类别、工程建设单位负责人、工程建设地点、工程建设依据、工程建设规模、工程建设内容、工程建设完成的期限、工程的投资概算、效益评估、与各方的协作关系以及文物保护、环境保护、生态建设、道路交通等方面问题的解决计划等。

3.1.2 设计阶段

工程设计文件是组织工程建设施工的基础,也是具体工作的指导性文件。具体讲,就是根据已经批准纳入计划的计划任务书要求,由园林工程建设管理单位委托或者通过公开招标的方式确定园林工程设计单位。按照《工程建设项目招标范围和规模标准规定》(2000年4月4日,国家发展计划委员会)要求,政府投资的、设计费达50万元以上的关系到社会公共利益、公众安全的生态环境保护项目、旅游项目或其他公用事业项目必须经过设计招投标方式才能明确设计方。

2004年3月,深圳湾滨海生态景观带景观规划设计向全球征集方案,最后由中国城市规划设计研究院/SWA Group联合体胜出。深圳将在全力修复深圳湾生态环境的同时,将这条被称为"十五公里长廊"的生态景观带,打造成体现深圳滨海风情、现代韵味,展示深圳21世纪形象的全新"城市名片"。这个项目是一个典型的关系到社会公共利益和公众安全的生态环境保护项目,更是一个由政府投资的旅游项目,因而采用公开方案招标的方式确定了设计单位。

设计单位一般从方案、初步设计到施工图全程设计,但也有只进行方案设计,而将初步设计和施工图交其他单位设计的,如境外的某些设计机构只做方案设计,后续设计交由国内有施工图设计资质的设计单位完成。

3.1.3 工程建设实施阶段

设计文件获准通过后,即将进入项目实施阶段。按照《中华人民共和国招标投标法》《建筑工程设计招标投标管理办法》《工程建设项目招标范围和规模标准规定》等,大多数工程项目必须经过施工招投标方可确定工程施工方。

在工程招投标后,中标的施工企业应根据建设单位提供的相关资料和图纸,招标文件以及调查掌握的施工现场条件,各种施工资源(人工、物资、材料、交通等)状况,做好施工图预算和施工组织设计的编制等工作。同时认真做好各项施工前的准备工作,严格按照施工图、工程合同以及工程质量、进度、安全等要求,做好施工生产的安排,科学组织施工,搞好施工现场的管理,确保工程质量、进度、安全,提高工程建设的综合效益。施工过程中,建设方、设计方、施工方、监理方应各负其责、协同合作,共同完成工程的全过程。

3.1.4 工程竣工验收阶段

根据国家规定,所有园林工程建设完成后,都要按照施工技术质量要求,进行工程竣工验收。在现场实施阶段的后期就要进行竣工验收的准备工作,并对完工的工程项目,组织有关人员进行内部自检,发现问题及时纠正补充,力求达到设计合同要求。工程竣工后,应尽快召集有关单位和计划、城建、园林、质检等部门,根据设计要求和工程施工技术验收规范,进行正式的竣工验收。对竣工验收中发现的一些问题及时纠正、补救后即可办理竣工手续交付使用。

3.2 园林工程设计程序

一般来说,一个园林工程的设计程序大致分为3个阶段:设计前期阶段、设计阶段、后期服务阶段。这3个阶段贯穿项目由启动到建设完成的全过程,均由设计方完成。

3.2.1 设计前期阶段

(1)接受设计任务 第1章中已讲过,设计方(乙方)是由项目建设方(甲方)通过委托或设计招投标的方式确定的。乙方接到设计任务后,必须认真研究甲方制订的设计任务书,并与甲方项目负责人充分沟通,尽可能地了解甲方的意图和需要。

(2)收集资料 在进行设计之前,乙方必须对项目进行全面、系统的调查与资料收集,如项目用地的相关图纸资料,项目所在地自然、历史、人文资料等;收集相关的法规和同类案例资料。

(3)勘察现场 设计方必须对现场进行认真、翔实的踏勘,以便掌握现场特殊条件,因地制宜作出好的设计。

3.2.2 设计阶段

园林设计的3个阶段是不断优化、深化的递进过程。

(1)方案设计 项目的方案设计是在城市规划的框架内为所设计地块构思一个最佳的方案,这个阶段主要解决定位、定性等方向性的宏观问题,它往往是解决了诸多设计中的矛盾后的一个较为合理的方案。这个阶段主要是园林专业的设计师投入较多心血,其他专业只是略作配合。

(2)初步设计 初步设计是在方案设计的框架内,解决方案设计中的技术可行性、可操作性问题,它是方案设计的优化和深化设计。结构、给排水、电气等专业也需要深入技术设计。

(3)施工图设计 施工图设计又是对初步设计的深化和优化,除了园林专业,结构、给排水、电气等专业的图纸均需达到施工图设计的深度,才能使设计成为预算和施工的依据。

3.2.3 后期服务阶段

后期的服务是园林设计内容重要的环节。园林设计师要为甲方做好服务工作,协调相关矛盾,与施工单位、监理单位共同完成建设项目;园林设计的内容如假山、地形、种植设计,在施工过程中可变性很大,与现场关系很密切,设计师应该深入现场,及时发现问题并协调解决,才能保证项目的完成效果,充分体现设计意图和初衷。

(1)施工前期服务 施工前需要对设计图纸进行交底,甲方拿到施工图后,会召集监理单位、施工单位看图和读图,看图属于总体上的把握,读图属于具体设计节点、详图的理解。之后,由甲方牵头,组织设计、监理、施工各方召开施工图设计交底会。甲方、监理方、施工方将就施工

图纸提出各自的问题,各专业的设计人员对口进行答疑。一般情况下,甲方多关注总体上的协调和衔接,监理、施工方关注具体实施问题。对于现场不能及时解答的问题,设计方回去考虑后尽快回复。施工前,设计人员还需对硬质工程材料样品和绿化工程中的备选植物进行确认。

(2)施工期间服务 施工期间,设计师应定期或不定期地深入施工现场解决施工单位提出的问题。尽量当场解决问题,解决不了的考虑好了以设计变更图方式解决。同时,也应该进行现场监督,保证施工单位按图施工。

(3)施工后期服务 施工结束后,设计师需参加竣工验收,签发竣工证明书。有时在工程运行维护阶段,甲方也会要求设计师到现场勘察,并提供相应的报告叙述运行期间的状况和问题;也有运行后甲方想对原设计进行改造,会要求设计师配合提供原设计的相关基础条件。

3.3 园林工程设计文件解读

3.3.1 方案设计解读

方案设计的深度要求:能据以编制初步设计文件;能据以编制工程估算;能满足方案设计审批的需要。

对于施工图设计来说,方案设计是基础和依据,因此,准确、正确、充分、深入地吃透方案,才能深化方案设计的精髓,优化方案设计的不足。施工图设计既要忠实于方案设计,又不能拘泥于方案设计,这就要求施工图设计人员能与方案设计师充分沟通,同时自己也要具备相当的读图能力。

一套方案设计文本一般包括封面、目录、设计说明和设计图纸,设计图纸包含彩色总平面图、功能分区图、交通分析图、流线分析图、全局鸟瞰图、局部放大平面图、局部小透视图等,少则十几张,多则百多张图。

1)设计说明

设计说明包括以下内容:

(1)项目概述 简述项目所在地(可比设计场地大)的环境和自然条件、交通条件以及市政公用设施等工程条件;简述设计场地的地形地貌、水体道路、现状建筑物和植物的分布情况(这些都是设计前的基本条件);简述项目设计范围和工程规模。

(2)现状分析 对项目的区位条件、工程范围、自然环境条件、历史文化条件和交通条件进行分析。

(3)设计依据 列出指导项目设计的依据性文件,包括国家、行业设计标准和规范,以及针对该项目的城市规划要求、设计任务书要求等。

(4)设计指导思想和设计原则 概述项目的指导性思想和设计所遵循的原则,这一条是设计方和项目委托方就项目设计沟通后形成的共识,用以指导和控制整个设计方向。

(5)总体构思和布局 说明设计理念、设计构思、功能分区和景观分区,概述空间组织和园林特色。

(6)专项设计说明 竖向设计、园路设计与交通分析、绿化设计、园林建筑与小品设计以及结构设计、给排水设计和电气设计等。

(7)技术经济指标 计算各类用地的面积、建筑面积等,列出各类用地平衡表和各项技术经济指标。

(8)投资估算　按工程内容进行分类,分别进行投资估算。

2)设计图纸

方案设计图纸分为3类:一是对用地现状的展示与分析,如区位分析图、用地现状图、现状分析图;二是方案规划设计图,如总平面图、竖向设计图、植物配置图等;三是设计分析图,如功能分区图、景观结构分析图、景观视线分析图、交通分析图等。一般文本的编排顺序如下:

(1)区位分析图　标明项目用地在城市中的位置及与周边环境的关系。

(2)用地现状图　标明项目用地现状地形(如等高线、内部路网、建筑物、植物、水体等)及边界、各种用地红线,用地周边的道路、植物、建筑物、构筑物、水体等相关条件。总之,是项目实施前的状态。

(3)现状分析图　对用地的现状作出各种分析的图纸,如用地自然气候条件评价、对外交通及与周边互动关系评价、市政设施与污染状况评价等,总之,是对现状的一种理性分析和评价。

(4)总平面图　是对现状地形图的创造性设计,图上应标明用地边界,设计出入口位置,内部道路与外部道路的关系、设计地形、水体、植物、建筑物等,总之所有设计内容及与用地周边的衔接关系均应在总平面图上体现。另外还需标明指北针、比例尺、图例、注释及技术经济指标表等。

总平面图表达设计的全部内容,设计内容可用编号标明,并以图例的方式排列于图纸一侧;也可用文字和指示符索引出来。方案阶段的总平面图一般以彩色图示。

(5)功能分区图　表达设计功能分区和名称,是对设计的理性分析图,用来图示设计理念。

(6)景观结构分析图　表达景观设计内容之间的逻辑结构关系,如串联关系、并联关系或是树型关系等,也是对设计的理性分析图,用来图示设计理念。

(7)交通分析图　表达对用地内交通设计的理性分析图,标明各级道路、园路、停车场、集散广场布局,分析道路组织及功能关系。

(8)竖向设计图　标明设计地形等高线和原地形等高线,标明主要控制点高程,标明水体的常水位、最高水位、最低水位、水底标高;绘制地形剖面图。

(9)意向图　方案阶段的植物置、照明设计和公共设施设计是以意向图的形式表达,主要是界定植物、灯具和公共设施的形象,以取得与总体设计的协调,并以意向图片给出比较直观的效果。

(10)主要景点设计图　包括主要景点如园林建筑物、广场等的平、立、剖面图和效果图或者示意图片。

(11)全局鸟瞰图　整个用地内的所有设计内容的鸟瞰透视效果图。

3.3.2 初步设计解读

初步设计的深度要求:能据以编制施工图设计文件;能据以编制工程概算;能满足有关部门对初步设计审批的需要。初步设计文件如下:

(1)设计说明　包括设计依据、设计规范、工程概况、设计范围、设计指导思想、设计原则、设计构思或特点、各专业设计说明,在初步设计文件审批时需要明确和解决的问题说明等内容。

(2)总平面图　比例一般采用1:200,1:500,1:1 000等,视用地范围大小而定。总平面图内容包括基地周围环境概况、各种用地红线、地形设计的大致趋势和坡向、保留和新建的建筑与

小品的位置、水体的位置、绿地区域、必要的控制尺寸和标高、道路中心线及控制点的标高等。总平面图可细分为索引总平面图、定位总平面图、竖向设计总平面图、铺装总平面图等。

(3)道路、广场的大剖面图　比例一般1:200~1:500。

(4)园林建筑等的平立剖面图　一般不需要节点详图。

(5)植物配置图　也是总平面图的一个细分,相对于方案阶段,初步设计的植物配置图需要列出植物材料表,表中罗列植物的种类、数量、规格,应能满足概算的深度需要。

4 总平面图设计

【本章导读】

总平面图涵盖信息量非常大，是项目实施的基础和关键。绘制总平面图一定要具有全局观、缜密的思维、清晰的逻辑才能成就优秀的设计。本章学习的重点是掌握总平面图的设计内容，并系统、全面地表达在图纸上，绘图难点是怎样使图面清晰、全面。

4.1 概述

总平面图是表达新建园林景观的位置、平面形状、名称、标高以及周围环境的基本情况的水平投影图。总平面图是园林施工图重要的组成部分，主要表达定性、定位等宏观设计方面的问题，它是反映园林工程总体设计意图的主要图纸，也是绘制其他专业图纸和园林详图的重要依据。

园林专业的总平面图涵盖的设计内容较多，平面尺度大，在一张图上难以表达全面和清晰，因此在实践中往往将总平面的内容拆分为：索引总平面图、定位设计总平面图、竖向设计总平面图、种植设计总平面图、铺装设计总平面图、公共设施布置总平面图等"单项"总平面图。根据设计内容的繁简和图纸表达的需要，有时单项总平面图会增减。例如，总平面图和索引总平面图可以合并为索引总平面图等。

4.2 总平面图基本内容及表达方式

4.2.1 边界线

景观设计中需关注的边界线包括红线、围墙线、地下室边界投影线等。红线是指经过批准的建设用地红线、规划道路红线和建筑红线。

(1)建设用地红线 建设用地红线(图4.1)是围起某个地块的一些坐标点连成的线，红线内土地面积就是取得使用权的用地范围。用地红线只是标注在红线图上，现场是看不到的。建设用地红线一般用粗双点画线表示，并用文字标注标明，红线所有拐点均需标出坐标值。

(2)建筑红线 建筑红线(图4.1)也称为"建筑控制线"或"建筑退红线"，是指城市规划管理中，控制城市道路两侧沿街建筑物或构筑物(台阶、外墙等)靠临街面的界线，是建筑物基底位置的控制线。突出地面的建筑物、构筑物甚至包括停车场必须设计在建筑退红线内，用地红线与建筑退红线之间只能设计道路、广场或种植植物等。建筑红线一般用粗单点画线表示，并用文字标注标明，红线所有拐点均需标出坐标值。

(3)地下车库边界投影线 地下车库、地下商业等上方正对应的地面和非车库对应的地面园林景观做法差别很大，有必要标示出这条界线的位置。一般用粗虚线示出其外围轮廓，并以引出线标注"地下车库轮廓线"文字字样(图4.1)。

(4)围墙线 园林一般都有围墙，围墙也是园林设计内容之一，总图中应绘出围墙轮廓线(图4.1)，可以按照《总图制图标准》(GB/T 50103—2010)中围墙的图例绘制(图4.2)，或以双细实线绘制，并标注"围墙"字样文字。

4.2.2 园林设计背景

园林设计背景是指园林设计开始时的相关基础条件、限制因素和背景等。相对于规划、建筑、市政等专业，园林属于后续专业，必然受到前期设计的限制和影响。

1)设计开始前的地形、地物

如原有的道路、地形、房屋、园建等，或者市政、建筑专业已规划好的道路地形条件等，凡园林设计中需要保持原样的部分均需要在总图上标示，因为不属于本次设计的内容，一般以其轮廓投影线用最细的实线表示，并标注文字，如图4.1所示的现状民房。

2)建筑设计底图

以建筑为主的场地，如学校、住宅区、办公楼区、商业区、工厂区等，其园林施工图设计一般是在建筑施工图设计完成后进行，建筑设计的成果便成了园林设计的基础和背景，建筑图纸便成为园林设计的图底背衬。一般建筑的一层设出入口直接与室外园林交通，因此，园林总平面图中往往将建筑一层平面图作为园林图底(图4.3)。施工图中很少用建筑屋顶轮廓投影线作为园林总图的图底。

建筑底层平面图图线部分全部以极细实线表示，建筑内部的门窗编号、房间名称、尺寸标注等都应删去(图4.3)，以便衬托出园林设计内容成为图形主角地位，层次分明。建筑的散水线一定要保留，做隐形散水时，散水线用虚线。

建筑的消防车道以中粗线表示路宽、形状、走向，并以文字表示；隐形消防车道用虚线示出，消防登高面以虚线示出(图4.3)。

3)设计图线

(1)园林建筑 总图中新建园林建筑通常表达一层平面，但需标示出屋顶投影线，并标注轮廓尺寸、名称，如景观亭、大门等(图4.4)。

(2)水景轮廓线 自然式水景如溪流、湖泊，绘出其驳岸轮廓线，岸线用中实线表示(图4.5)，如其驳岸是斜面入水，可分别绘出斜面最高岸线和常水位线；规则式水池绘出其内外壁轮廓线。

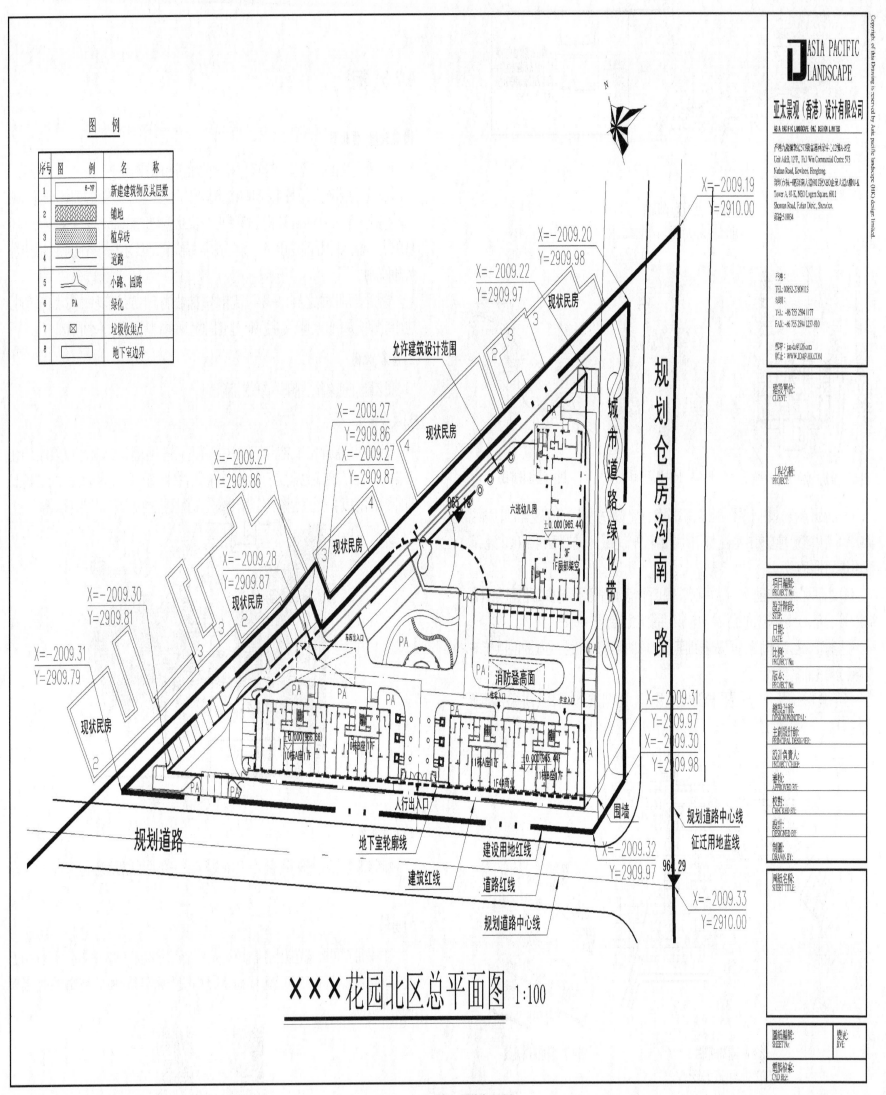

×××花园北区总平面图 1:100

图例

序号	图例	名称
1	6~7F	新建建筑物及其层数
2		铺地
3		植草砖
4		道路
5		小路、园路
6	PA	绿化
7	⊠	垃圾收集点
8		地下室边界

ASIA PACIFIC LANDSCAPE

亚太景观（香港）设计有限公司

ASIA PACIFIC LANDSCAPE (HK) DESIGN LIMITED

香港九龙弥敦路573号富运商业中心12楼A及B室
Unit A & B, 12/F., Fu Wa Commercial Centre, 573
Nathan Road, Kowloon, Hongkong.

深圳市福田区红荔路南园枫叶苑A座8楼企业A座01-A
Tower A, 8/F., NEO Legent Square, 6011
Shennan Road, Futian Distrc., Shenzhen.
邮政编码518054

香港:
TEL. 00852-27808113
深圳:
TEL.: +86 755 2994 1177
FAX: +86 755 2994 1257-810

邮箱: jm-da@126.com
网址: WWW.JDAP-HK.COM

图4.1 园林总平面图

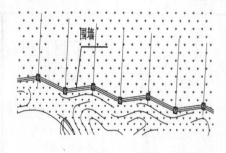

图4.2　围墙线

(a)围墙图示；(b)制图标准中围墙的画法

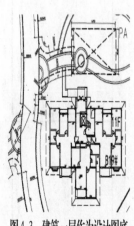
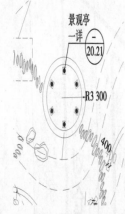
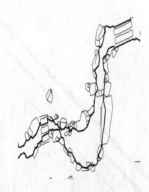

图4.3　建筑一层为设计图底　　**图4.4　园林建筑平面**　　**图4.5　水体岸线**

(3)小品轮廓线　园林小品数量众多，布置分散，一定要注意为其命名，以免索引时互相混淆或找不到对应物。重要园林建筑(如门楼、亭廊等)外轮廓线用一层平面，小品(如树池、花池、景墙等)用细实线。

(4)道路中心线、场地边线　道路中心线用细点画线表示；平道牙外轮廓线用中粗实线(图4.6(a))，立道牙外轮廓线为中粗实线，内轮廓线用细实线绘制(图4.6(b))。

硬质铺装场地，如运动场、小广场应绘出其边界线和内部铺装分隔线。边线用中粗实线，内部铺装分隔线用细实线。

(5)微地形等高线　微地形是园林设计的重要元素，以细虚线绘出等高线，并标注高程值(图4.7)。

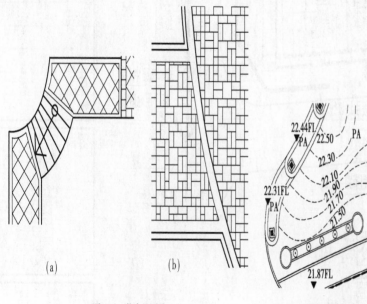

图4.6　道路的图线　　　**图4.7　微地形等高线**

(a)平道牙；(b)立道牙

4.2.3　标注

1)风玫瑰、指北针

风玫瑰、指北针可二者选一或合二为一，一般放在右上角位置。

风玫瑰图表示项目所在城市常年风向频率及项目用地方位。风玫瑰图是根据当地多年的风向资料将一年中的16种或32种风向频率用一定的比例画出，连接16或32个端点形成封闭结框，表示风向和该风向出现的频率。实线为常年主导风向，虚线为夏季主导风向，风向是从外吹向中心的。

指北针表示用地的北方向，一般将指北针尽量朝向图的正上方；由于地块的形状不适宜时，也可将地块向左右偏转，但不能超过90°，也就是说地块的指北针应在水平轴0～180°。

2)图名、比例

图名即本图纸名称；比例即本图所使用的比例。

3)文字标注

设计范围内建筑的名称、楼层数、总高度注写在建筑的一角；所有的园林设计内容均需标注其名称，如水面、绿地、花池等，文字可直接注写在设计物上(图4.8)，如果设计物太小，则应以引出线引出，在其上方注写名称，或给设计物编号，在图纸空白处标注每编号对应的名称。

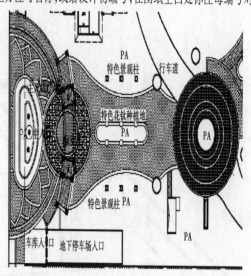

图4.8　文字标注

4)文字说明

如图4.9所示为总图说明范例，可注写在总平面图一侧，说明高程系统、标注单位等。

5)图例

如果使用了"国标"规定以外的非标准图例，则需在总平面图一角加以说明。如现在施工图常用的水面标高用WL55.30，地面标高FL55.50，花池顶标高PL55.90等，则需在图中作特别说明(图4.10)。

总平面图(视频)　　1总平面图(图纸)

说明：
1. 本图所注标高为黄海标高。
2. 本图所注平面坐标为轴线交点坐标。
3. 图上除道路坡度单位以‰计外，其余数值单位均为 m。
4. 路面作法详赣 01J301 第 83 页 2，路沿石选 A。
5. 生态车位作法详赣 01J301 第 86 页 8。
6. 广场铺地做法由景观另行设计。

图 4.9 总图说明范例

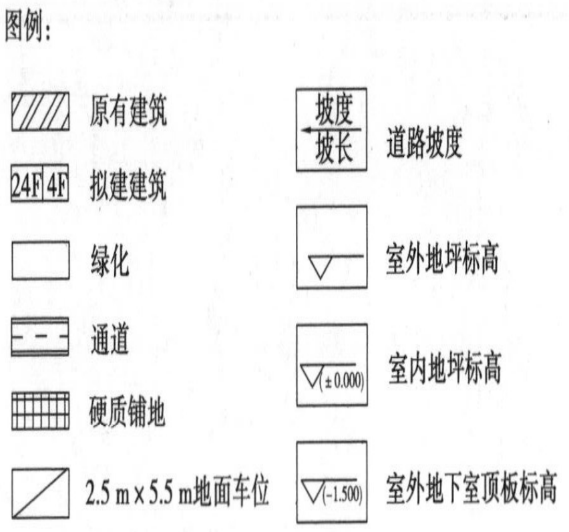

图例：

图案	名称	图案	名称
▨	原有建筑	坡度/坡长	道路坡度
24F|4F	拟建建筑	▽	室外地坪标高
□	绿化	▽(±0.000)	室内地坪标高
▭	通道		
▦	硬质铺地	▽(-1.500)	室外地下室顶板标高
▧	2.5 m × 5.5 m 地面车位		

图 4.10 总图图例

4.3 单项总平面图专属设计内容及其表达方式

4.3.1 总平面图分区图

由于园林总平面图需要表达的内容、细节很多，一般设计比例小于 1∶500 时，标注会显得混乱。为了清楚地表达设计内容，总平面图的比例一般控制在 1∶300 以上。如果总平面图图纸图幅选用 A0 时还达不到，则需要分区表达，即将总平面图划分为分区总平面图(图 4.11)，如 A 区、B 区、C 区、D 区……或者其他命名方式如 I 区、II 区、III 区等。各分区之间一定要有互相重叠的设计内容。一般按平面的相对独立或功能的相对完整等原则来划分区域。

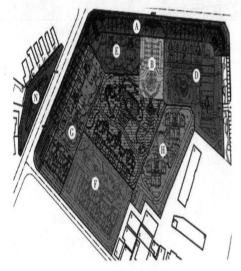

图 4.11 分区总平面图

分区图(视频)

4.3.2 索引总平面图

索引总平面图最重要的是标示总图中各设计单元、设计元素的设计详图在本套施工图文本中所在的位置，如图 4.12 所示。

索引总平面图标明各分区所在的位置即可。如 A 区详 YSA-1 等，A 区内的设计单元的详图在 A 区子项中表达。如果没有分区，则每个设计单元和设计元素均应对应有详图索引。

索引时，应在引出线上注明名称，如 A 区详图。

索引总平面图中的索引分为平面索引和剖面索引，平面索引是将被索引对象放大为较大比例的平面图，而剖面详图是将被索引对象剖切放大为较大比例的剖面图。两者的索引符号不同，如图 4.12 所示的立道牙详图。

4.3.3 定位总平面图

定位总平面(视频) A区平面图(图纸) BD区平面图(图纸) C区平面图(图纸)

总平面定位图一般采用坐标和尺寸相结合的方式进行标注。图面线条复杂的则需要网格进行定位，坐标宜采用 xy 绝对坐标。

1)定位坐标网

定位总平面图主要表达新建部分在场地中的位置和尺寸，以方便施工定位放样。一般用施工方格网结合城市测量坐标网定位(图 4.13、图 4.14)。

城市测量坐标网是由各城市测绘部门在大地上测设的，一般为城市坐标系统。建设方在取得用地规划许可时就会得到该建设用地的城市测量坐标。城市测量坐标网的直角坐标轴由 x、y 表示，x 轴表示南北方向，y 轴表示东西方向，一般以 100 m×100 m 为一个测设方格网，在总平面图上方格网的交点用十字线表示。坐标轴及轴上的刻度在图上不出现，只有十字线的坐标值出现。这样新建工程都可以用其坐标定位，建筑物常用其两个角点的坐标定位。

园林设计细节较多，建筑小品及铺地形式不规则形状较多，仅依靠城市坐标网定位远远不够，因此园林设计单元的定位更多使用项目专用的施工坐标网，其轴线用 A，B 表示，可以与指北针平行也可以不平行，以方便表示定位为准。施工坐标网以工程范围内的某一确定点为"零"点，如建筑物的某个角点或明确其城市坐标的某个特殊点。每单项目施工坐标方格网只适用于该项目。

施工坐标方格网用互相垂直的细虚线表示，格网的密度根据场地范围大小和设计的复杂程度确定。如 10 m×10 m，5 m×5 m，1 m×1 m。方格网线上下、左右两端应标注数字，如 A10，B10，并应以文字说明方格网的间距。

总平面图上有两种坐标系统时，需标明施工坐标零点的城市坐标值，以明确施工坐标零点在城市中的唯一位置。

2)标注单位

定位总平面图中应说明所用的单位，一般 1∶1 000 的总图会用 m 为单位进行标注，1∶500 或更大的总图(园林常用)用 mm 为单位。以 m 为单位时标注保留两位小数，以 mm 为单位时，标注取整数。

3)尺寸标注

即使有了施工坐标网，也需对设计对象进行尺寸标注，以方便施工和读图。

尺寸标注分为定位标注、定形标注和总体标注。定位标注明确了设计对象在建用地范围内的施工位置；定形标注规定了设计对象的尺寸大小；总体尺寸让人一目了然设计对象的尺度。有时候 3 个尺寸是统一的，一个尺寸既是定位尺寸，又是定形和总体尺寸。

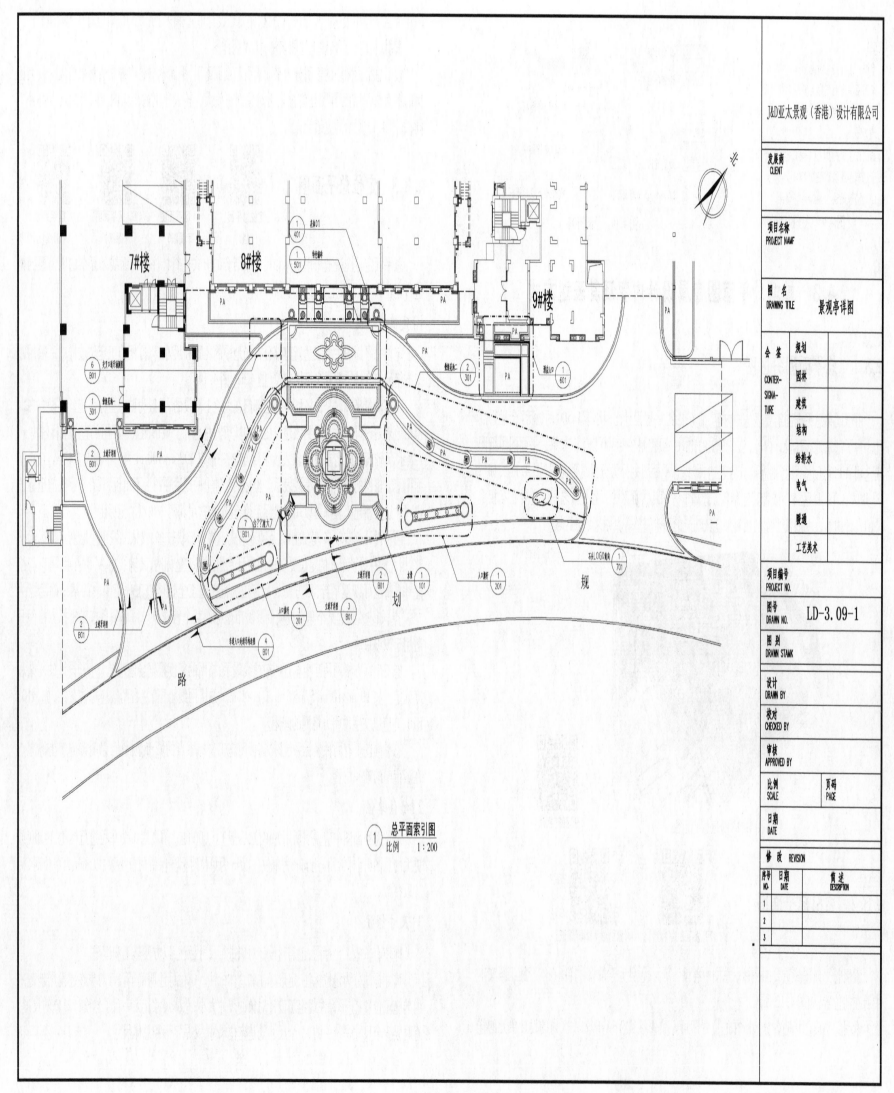

① 总平面索引图
比例   1:200

图4.12 总平面索引图

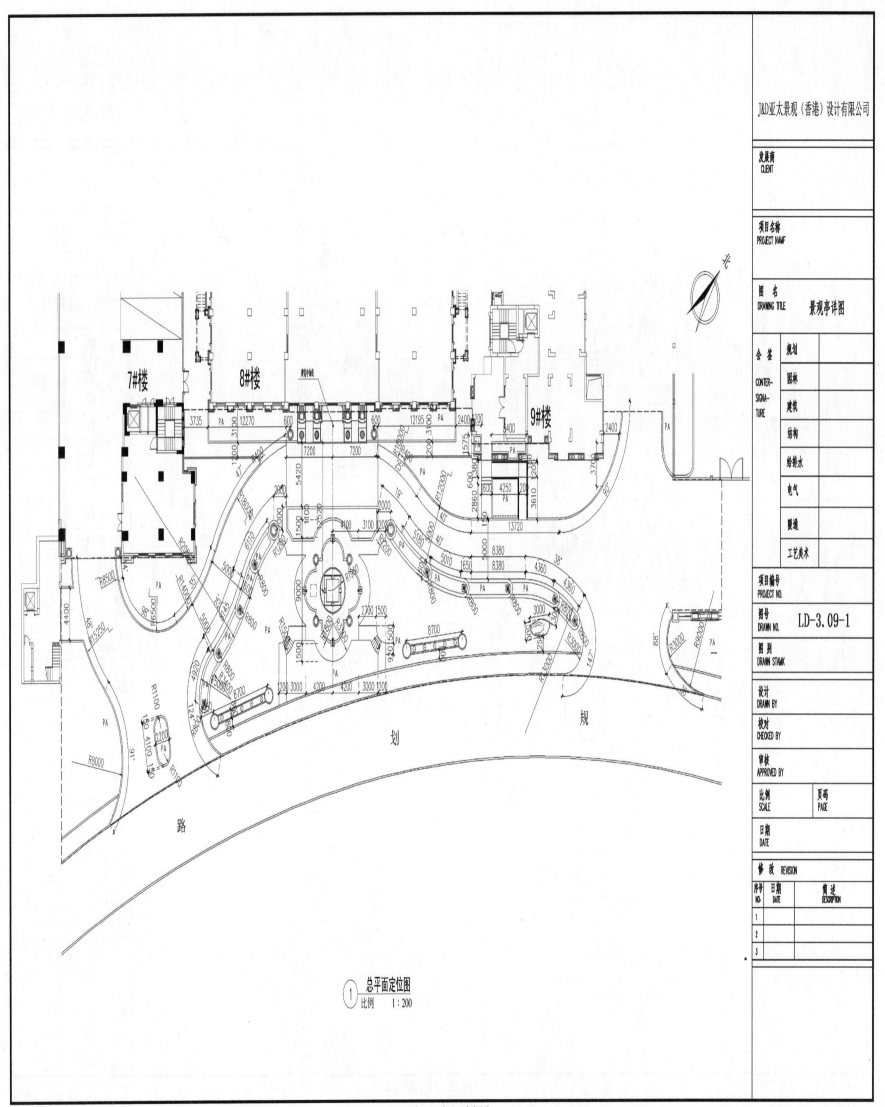

① 总平面定位图
　　比例　1：200

图4.13 总平面定位图

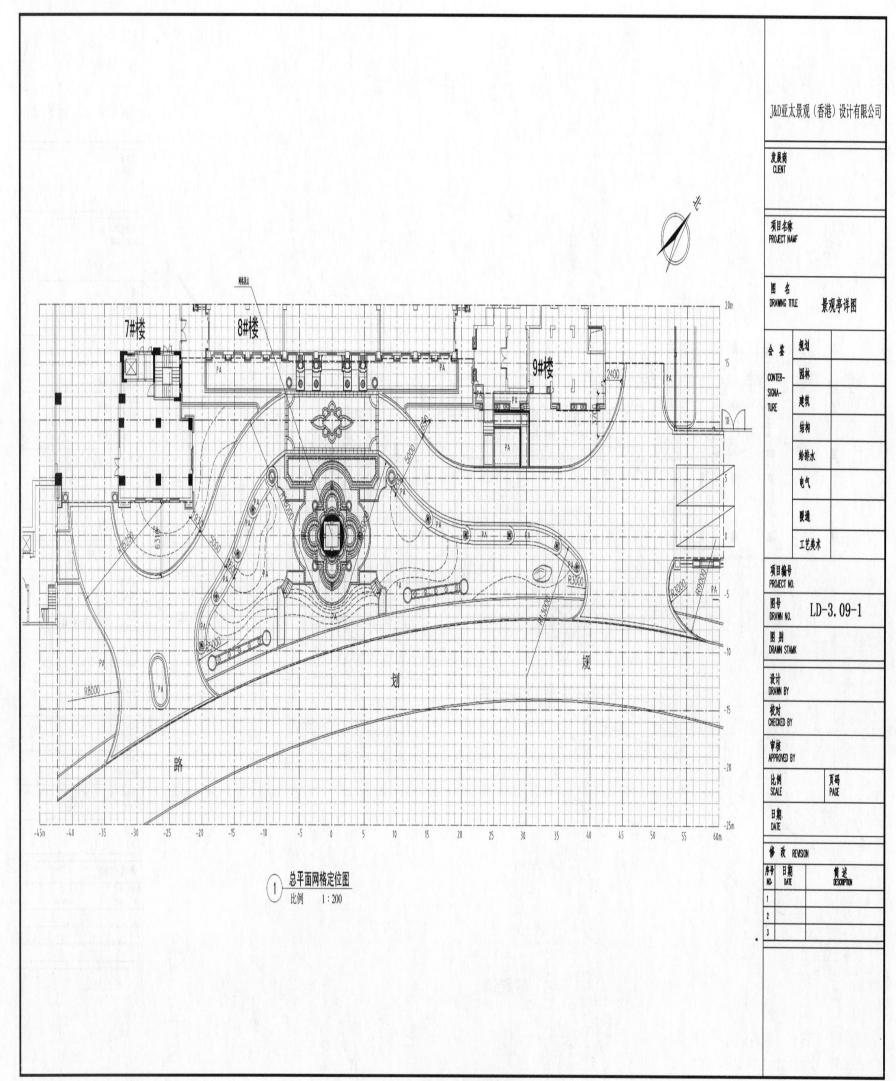

① 总平面网格定位图
　比例　1:200

图4.14 总平面网格定位图

设计单元或独立的设计元素均应该标注定位尺寸。一般一个设计单元的角点、圆心、中心线等可作为其定位基准点标注。如圆形广场的圆心的城市坐标,广场角点距某建筑(必须是在园林施工前已建成)外墙线的水平垂直距离等都能定位其在场地中的位置。

设计对象定位后才存在定形的问题。总图中需要定位、定形标注的内容有:

①国家规范有规定要求的内容应标示出尺寸距离,如停车场距建筑物的距离,规范要求不小于6 m,应在图中明确标出。

②定位总平面图主要标注各设计单元、设计元素的定位尺寸和外轮廓总体尺寸,定形尺寸和细部尺寸在其放大平面图或详图中表达。

③没有分区只有定位总平面图时,或者有分区定位平面图但容易因为分区被割裂的贯穿全园的道路、溪流、围墙等线型元素,则尽量在定位总平面图中定位标注和定形标注。

可以作为定位标注的参照点有园路的中心线和起终点、园林建筑和小品的对称中心、场地的角点和边线等。

对自然式或曲线式设计,可标注其城市坐标值并结合施工坐标网定位和定形。

4.3.4 竖向设计总平面图

竖向设计总平面图(视频)　竖向设计总平面图(图纸)

竖向设计是指按场地自然状况、工程特点和使用要求所做的设计。包括场地和道路标高设计、建筑物室内外地坪设计、绿地标高设计等。一方面营造舒适宜人的环境;另一方面解决好场地排水问题。竖向设计合理与否,不仅影响着整个基地的景观质量,也影响着使用后的舒适与管理,同时还直接影响建设过程中的土石方工程量,它与建设费用息息相关。一项好的竖向设计应是以能充分体现设计意图为前提,而土方工程量最少的设计。

竖向设计总平面图中标注绝对标高,我国把黄海海平面定为绝对标高的零点,国内其他各地标高均以此为基准。绝对标高值取两位小数。

竖向设计总平面图应包含以下内容(图4.15):

①场地设计前的原地形图。一般甲方会连同设计任务书一同提供,地形图是园林竖向设计的图底和依据。一般以极细线表达。

②场地四邻的道路、铁路、河渠和地面的关键性标高。道路标高为中心线控制标高,尤其是与本工程入口相接处的标高。

③建筑一层±0.000地面标高相应的绝对标高、室外地面设计标高。建筑出入口与室外地面要注意标高的平顺衔接。

④广场、停车场、运动场地的设计标高,以及水景、地形、台地、院落的控制性标高,水体的常水位、最高水位与最低水位、水底标高等。

⑤挡土墙、护坡土坎顶部和底部的设计标高和坡度。

⑥道路、排水沟的起点、变坡点、转折点、终点的设计标高(路面中心和排水沟顶及沟底),两控制点间的纵坡度、纵坡距,道路标明双坡面、单坡面、立道牙或平道牙,必要时标明道路平曲线和竖曲线要素。

⑦用坡向箭头标明地面坡向,当对场地平整要求严格或地形起伏较大时,可用设计等高线表示;人工地形如山体和水体标明等高线、等深线或控制点标高。

4.3.5 铺装设计总平面图

铺装设计总平面图是表达设计场地内铺装平面纹样、肌理、色彩关系的总平面图,是景观设计的重要组成部分,景观设计作品中面积较大的通常是铺装图,也是体现景观设计作品的主要元素,如图4.16所示。

铺装图应根据方案需要定好图例,并在该项目以后的工作中统一图例。

应表达铺装分隔线、铺装材料图例,并对材料的规格、质感、名称作文字说明。

标明广场、园路、道路等硬地地面的铺装材料、铺装样式(图4.16)只需标注关键点材料,更细的部分可在分区详图中表示。

4.3.6 种植设计总平面图

种植设计总平面图有时也称为植物配置总平面图,它除了平面图外还应有种植设计说明和植物材料表。

植物种植说明要交代植物设计的原则、景观和生态要求,对种植土壤的规定和建议;规定树木与建筑物、道路、管线之间的最小距离;对树穴、种植土、介质土、树木支撑等作必要的要求;对植物材料作必要的要求。

为了较准确地对植物定位,植物配置总平面图应采用与定位总平面图相同的网格和坐标;植物配置总平面图一般分乔木配置图(图4.17)、灌木配置图(图4.18)和地被植物配置图(图4.19);植物图例应具有可识别性,简明易懂,不同的树种采用不同的图例,并应在植物附近用文字标注名称和数量,乔木说明株数,灌木应说明面积,保留的古树名木应单独标明。

植物材料表(图4.20)应列出乔木名称、规格(胸径、冠幅、高度等)、数量(株数);灌木应列出名称、规格(苗高)和数量(面积)等。

4.3.7 照明灯具总平面图

灯具定位图(图4.21)是为电气设计提供依据,并为景观设计作品的亮化提供一个介质。照明分一般功能照明和特殊强调照明。一般照明包括广场、园路、建筑物照明;特殊强调照明包括植物照明、水景照明和小品雕塑照明。这两种不同的照明灯具显然很不同。在灯具定位图布置前,应了解灯具的选型,灯具的照度范围并应与方案沟通看有无特殊要求。

灯具布点时,应根据灯具的性质、灯具的照度范围进行布点,并以尺寸或坐标等方式进行定位。还应与其他专业相配合,如是否和铺装结合,是否在消防车道或消防登高场地上以及是否在阻碍交通的位置上,是否在建筑门前正中等。若灯具位置在以上位置时,则需要根据周边环境进行调整并得到方案设计人员的认可。墙体灯具等需要在z轴上表现的灯具也需在灯具布点图上标明。

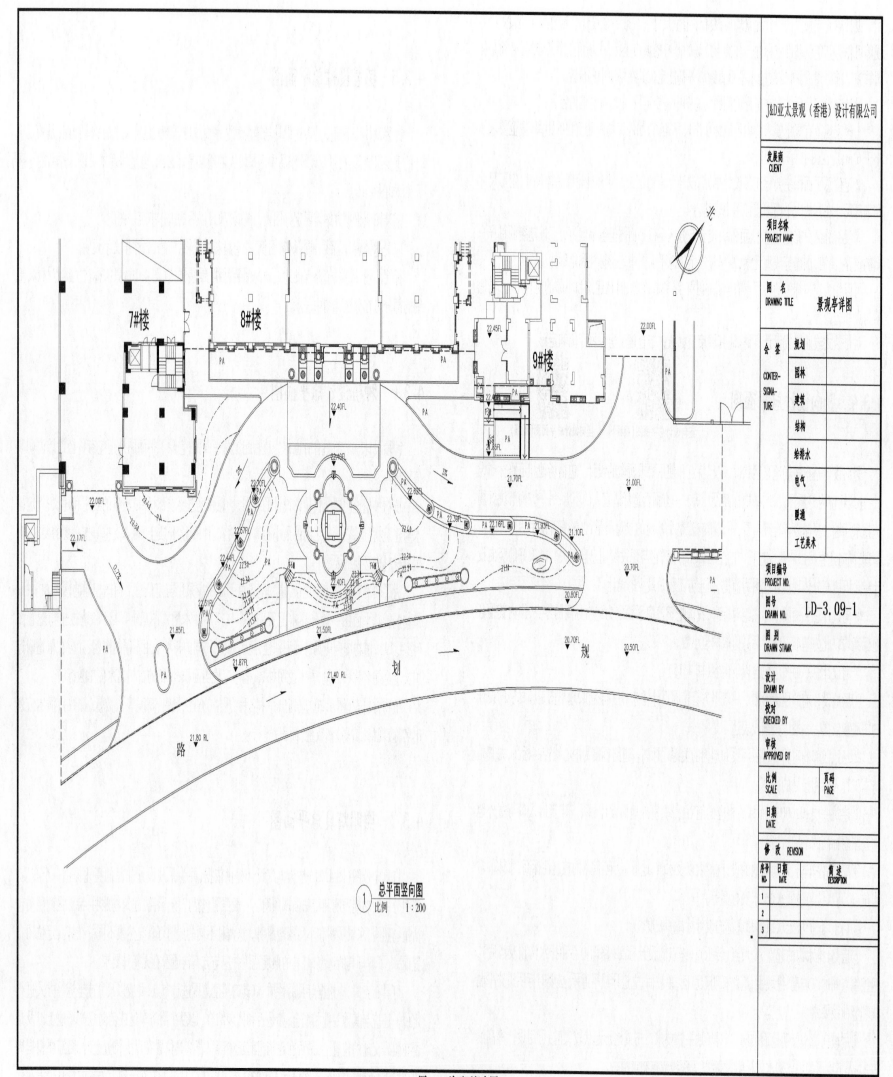

① 总平面竖向图
比例 1:200

7#楼

8#楼

9#楼

J&D亚太景观（香港）设计有限公司

发展商 CLIENT	

项目名称 PROJECT NAME	

图 名 DRAWING TITLE	景观亭详图

会 签 CONTER- SIGNA- TURE	规划	
	园林	
	建筑	
	结构	
	给排水	
	电气	
	暖通	
	工艺美术	

项目编号 PROJECT NO.	

图号 DRAWN NO.	LD-3.09-1

图 别 DRAWN STAMK	

设计 DRAWN BY	

校对 CHECKED BY	

审核 APPROVED BY	

比例 SCALE	页码 PAGE

日期 DATE	

修 政 REVISION		
序号 NO.	日期 DATE	简述 DESCRIPTION
1		
2		
3		

图4.15 总平面竖向图

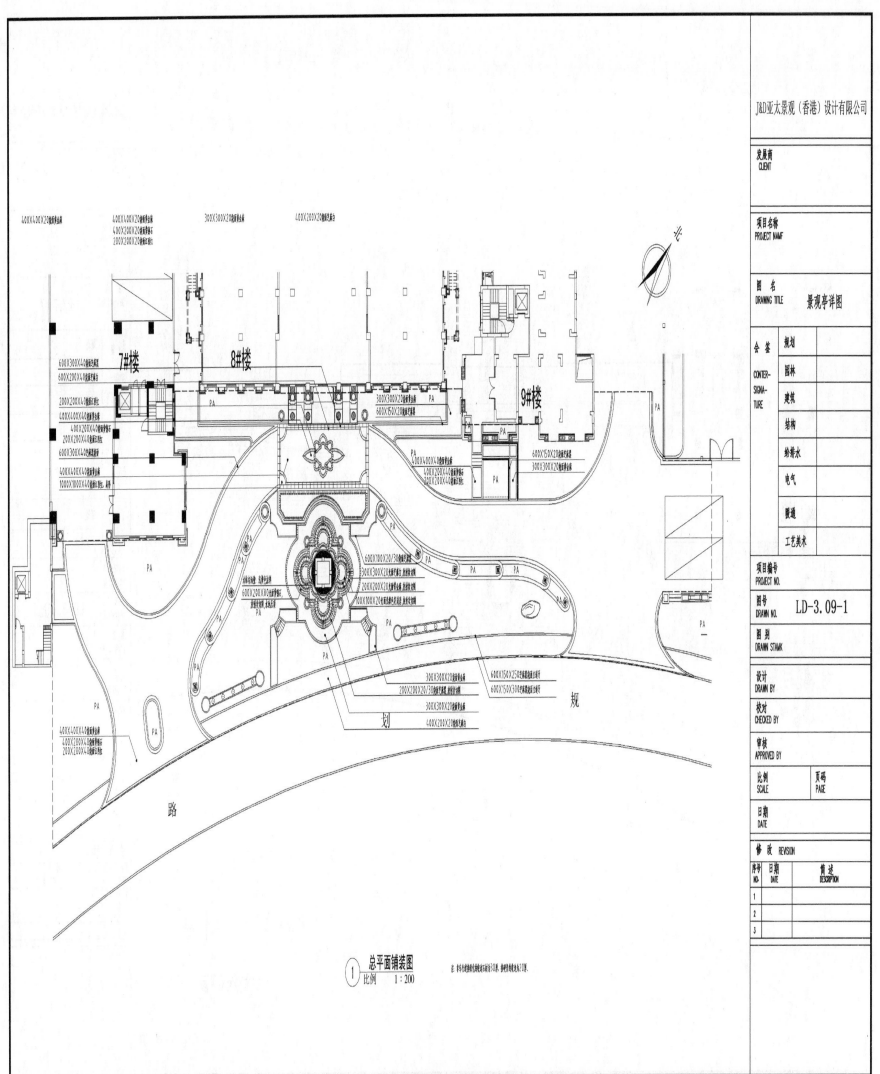

图4.16 铺装设计总平面图

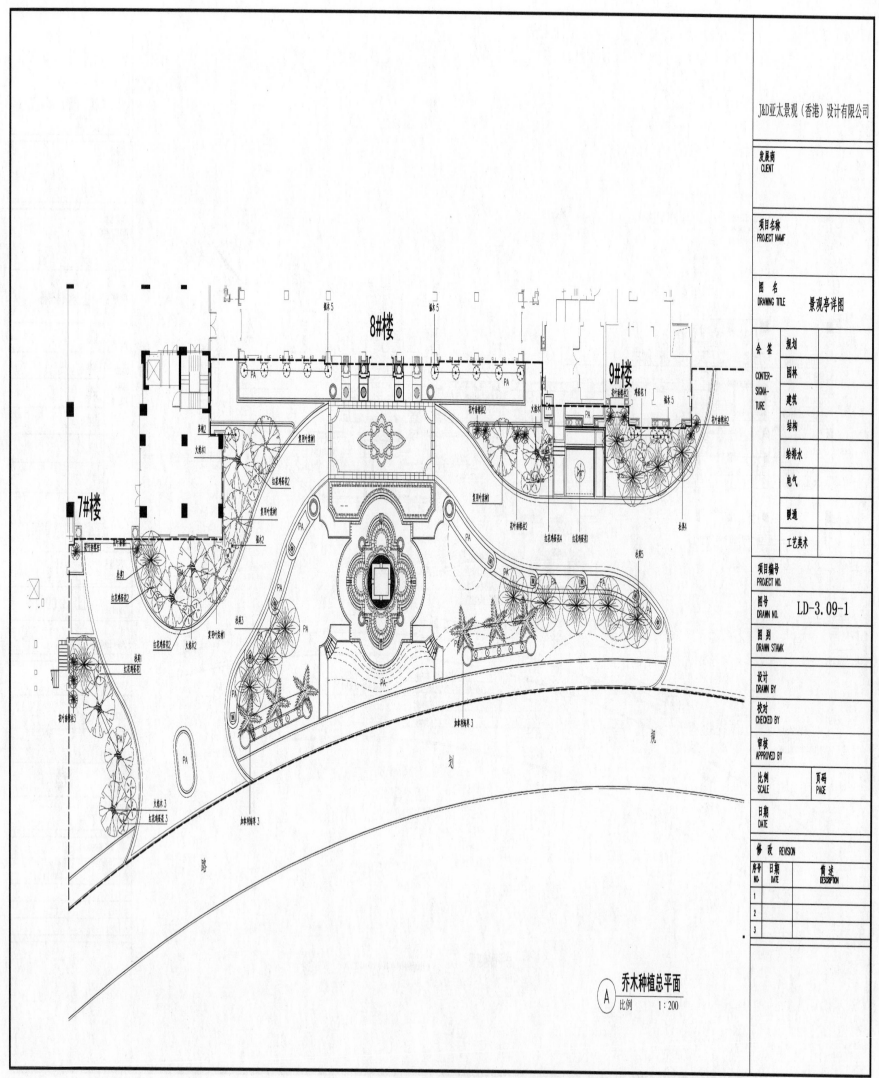

图4.17 乔木种植平面图

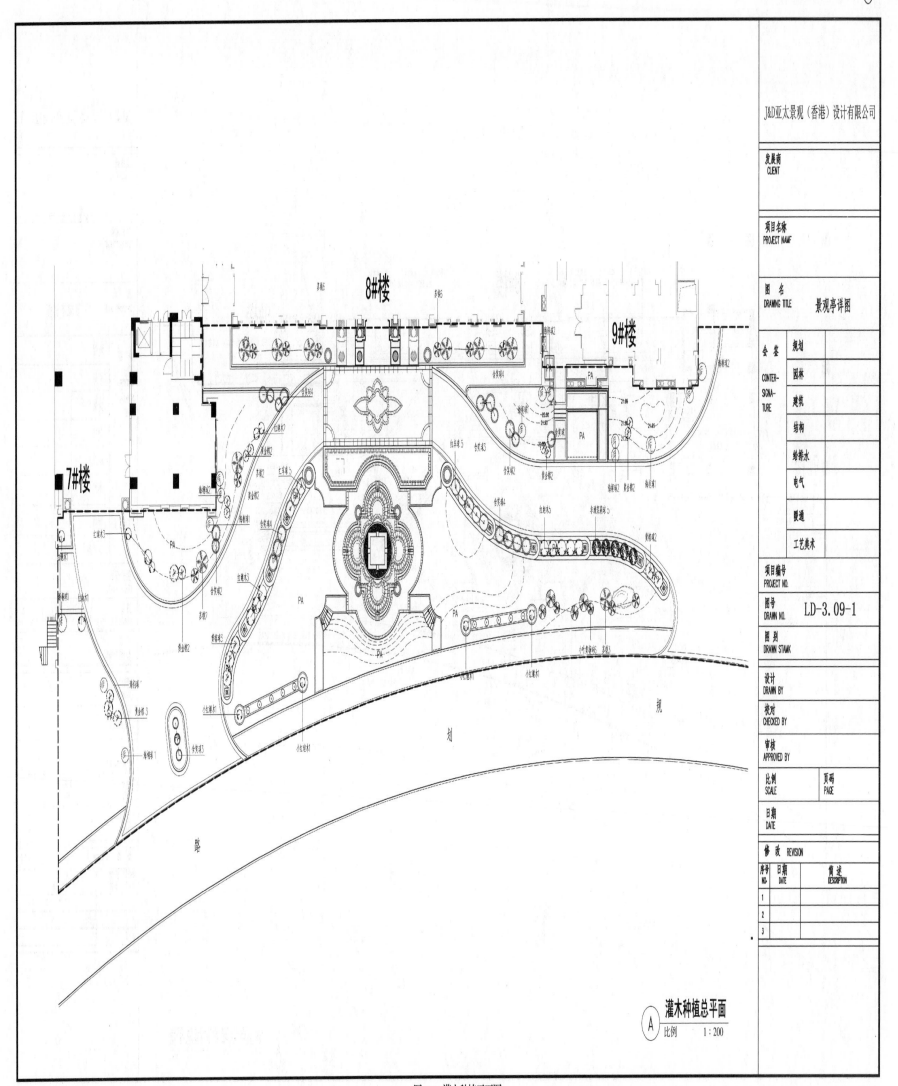

图4.18 灌木种植平面图

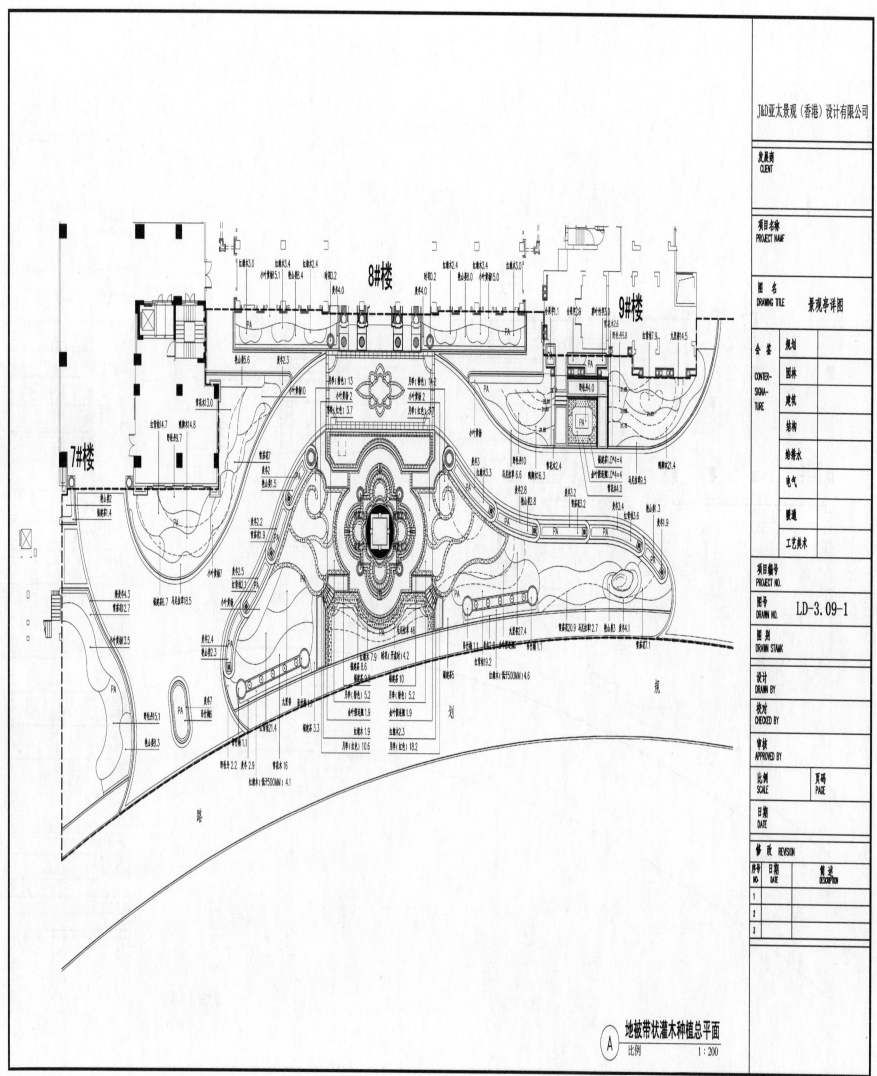

图4.19 地被种植平面图

乔木类

序号 No.	图例	拉丁文 Latin Formal Name	中文名称 Tree Name	规格 枝下高/m Height	树高/m Height	胸径/cm Diamter	冠幅/m Spread	数量/株 Total	备注 Notes
1		Spathodea campanulata	火蜡木	2.0~2.3	6.0~6.5	25~30	3.0~3.5	7	假植,全冠,树形饱满
2		Koelreuteria bipinnata Franch	复羽叶栾树	-	5.5~6.0	25~30	3.5~4.0	4	全冠带骨架移植,树叶开展
3		Elaeocarpus decipens Hemsl	杜英	2.0~2.3	7.0~10.0	18~20	4.0~4.5	14	假植,全冠,树形饱满
4		Phoenix sylvestris	银海枣	杆高5.0 自然高 6.0~6.5	地径 75~80	10片完整 叶片以上		6	假植,树形饱满 
5		Ficus benjamina L.	花叶垂格柱	-	2.0~2.5	8~12	1.2~1.5	13	假植,柱状,树形饱满
6		Plumeria rubra L. cv. Acutifolia	红花鸡蛋花	-	2.0~2.5	10~12	2.5~3.0	16	假植
7		abina chinensis(L.)Ant.	福木	-	3.0~3.5	-	1.2~1.5	19	不要尖塔型,修剪成广卵形或是圆柱形

灌木类

序号 No.	图例	拉丁文 Latin Formal Name	中文名称 Tree Name	规格 树高/m Height	冠幅/m Spresd	数量/株 Totsl	备注
1		Loropetalum chinense var. rubrum	红檵木球	1.2	0.9~1.2	15	5分枝以上 修剪成球形
2		Loropetalum chinense var. rubrum	小红继木	0.7~0.8	0.6~0.7	4	5分枝以上 修剪成球形
3		Michelia figo	含笑球	1.0~1.2	0.8~1.0	24	实心球,球形饱满
4		Pittosporum tobira	海桐球	1.2~1.5	1.0~1.5	12	实心球,球形饱满
5		Ficus microcarpa cv. GoldenLeaes	黄金格	1.0~1.2	0.8~1.0	18	5分枝以上 修剪成球形
6		Cycas revoluta Thunb	苏铁	0.9~1.0	1.0~1.5	19	造型饱满,叶片长80cm以上
7		Syzyglum hancei Merr Et Perry	红车球	1.0~1.2	1.2~1.5	8	实心球,球形饱满
8		Fagrea ceilanica	非洲茉莉球	1.0~1.2	1.2~1.5	5	实心球,球形饱满
9		Buxus sinica Cheng shbsp sinica bar. parvifolia M. Cheng	小叶黄杨球	0.8~1.0	0.8~1.0	6	实心球,球形饱满

带状灌木及地被

序号 No.	拉丁文 Latin Formal Name	中文名称 Tree Name	规格 高度/cm Height	冠幅/cm Spread	种植密度/株·m⁻¹ Density	面积/m² Total Number	备注 Notes
1	Duranta reoens 'Variegata'	金叶假连翘	70~75	35~40	9	13.8	袋苗
2	Murraya exotica L	九里香	80~85	40~45	9	41.9	袋苗
3	Buxus sinica Cheng subsp sinica bar. parvifolia M. Cheng	小叶黄杨	80~85	40~45	9	64.6	袋苗
4	Loroentalum chinense var. rubtum	红檵木	40~45	35~40	16	41.7	袋苗
5	Carmona microphylla (lour.) Harms	福建茶	65~70	40~45	9	48.8	袋苗
6	Schefflera octophylla (Lour.) Harms	鸭脚木	70~75	40~45	9	49.8	袋苗
7	Excoecaria cochinchinensis Lour	红背桂	70~75	40~45	9	66.9	袋苗
8	Melastoma candidum D. Don	野牡丹	90~100	50~55	9	46.8	袋苗
9	Breynia nibosa	雪花木	70~75	35~40	16	38	袋苗
10	Colorful arrowroot	彩叶竹芋	35~40	40~45	16	3	3片以上,长 30cm以上的叶片
11	Alpinia zerumbet(Pers.) Burtt. et Smith	艳山姜	35~40	40~45	9	43.2	3片以上,长 30cm以上的叶片
12	Syngonium podophyllum	合果芋	25~30	25~30	36	3.1	袋苗,密种
13	Cuphea ignea(synCplatycentra)	雪茄花	30~35	35~40	25	52.8	袋苗,密种
14	Rosa chinensis Jacq	月季	10~15	15~20	49	73.8	袋苗,(粉色37.6 /红色36.2)
15	Zebrina pendula	吊竹梅	10~15	15~20	49	10.4	袋苗,密种
17	Ophiogon japonicus	麦冬	15~20	20~25	25	54.8	袋苗,密种
18	Zoysia matrella(L.)Merr.	马尼拉草	件袋式(30×30m/件)			93.3	

说明

1.图纸中除标明的乔木、花灌木外,均为草坪,草种为马尼拉草(Zoysia matella)。
2.胸径一栏中,如标有"D"的,则代表地径,地径为从根部的直径。
3.假植苗必须经移植过,且假植半年以上,或成活率高的苗木。
4.植物一栏中标明造型灌木球的规格为光球规格。
5.植物一栏中设计规格为苗木进场种植规格。
6.绿化施工时,如本设计与现场条件发生矛盾,应在保证本设计所要求的景观效果前提下,绿化种植可结合现场条件进行适当调整。

ASIA PACIFIC LANDSCAPE
亚太景观(香港)设计有限公司
ASIA PACIFIC LANDSCAPE (HK) DESIGN LIMITED

种植苗木表

图号 LH-1.05

图4.20 苗木表

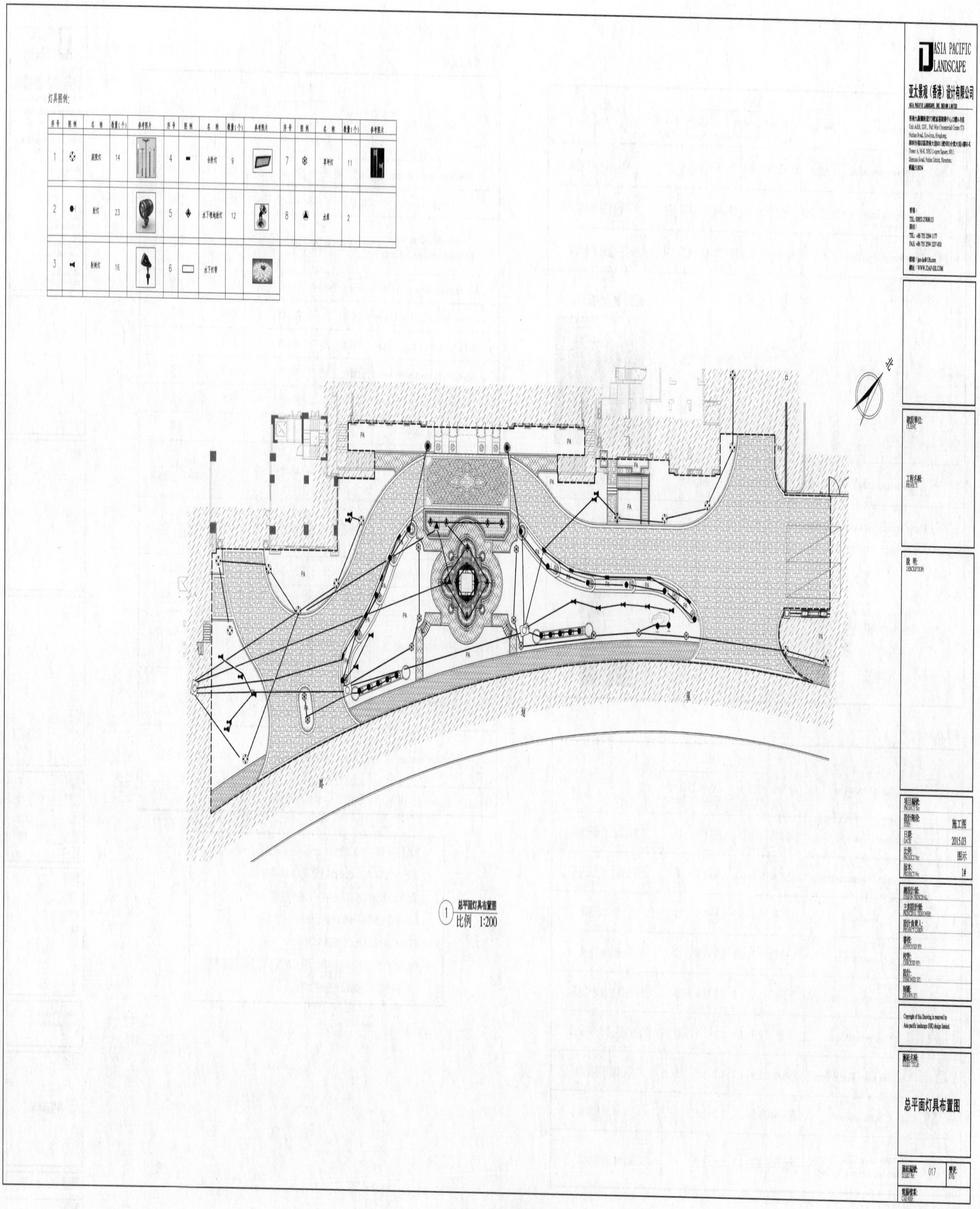

灯具图例:

序号	图例	名称	数量(个)	参考图片	序号	图例	名称	数量(个)	参考图片	序号	图例	名称	数量(个)	参考图片
1		庭院灯	14		4		台阶灯	9		7		草坪灯	11	
2		射灯	23		5		水下埋地射灯	12		8		水幕	2	
3		射树灯	16		6		水下灯带							

① 总平面灯具布置图
　比例　1:200

ASIA PACIFIC
LANDSCAPE

亚太景观(香港)设计有限公司
ASIA PACIFIC LANDSCAPE, INC. DESIGN LIMITED

项目编号:
设计阶段:　　施工图
日期:　　2015.03
比例:　　图示
图次:　　1:n

总平面灯具布置图

图纸编号　　017

图4.21 灯具布置图

图4.22 配套设施布置图

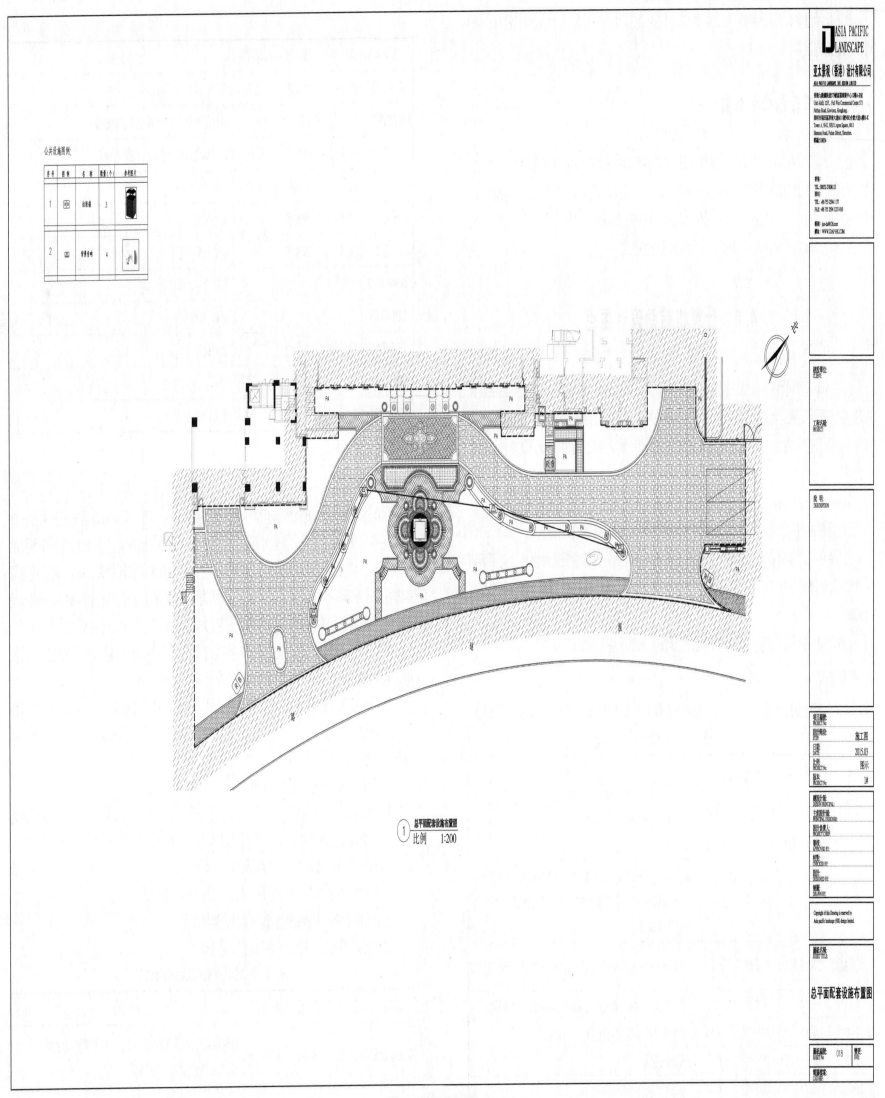

照明设计总平面图应标明灯具的类型、具体位置、数量及照明方式，并列表示出各种灯具的规格、型号、数量等。

4.3.8　公共设施总平面图

公共设施(图4.22)总平面包括室外家具、小品雕塑、环卫设施、成品采购的亭廊架等。公共设施总平面图主要表达场地中家具与小品的布局，是一种示意图，其大小不拘泥于实物大小，以表达清晰为目的。可结合网格大致定位，如要严格定位，则需标注定位尺寸。

配套设计除总平面外，还需要提供配套设施选型意见书。

4.4　计算机辅助设计要点

运用 AutoCAD 软件不仅可以提高绘图效率、节省计算机的存储空间，还可以提高图纸设计质量、便于图纸交流。如前所述，总平面图与单项总平面图之间有共同表达的基本内容，也有各自深入细致表达的内容，共同表达的图线部分必须保持一致。因此，巧用 AutoCAD 软件可以事半功倍。

AutoCAD 软件可通过3个手段提高设计效率：

(1)合理的图层管理。将图线、文字按软件的逻辑，有条理地组织和管理。

(2)使用外部参照功能。将单项总平面图共用的内容做成外部参照文件供单项总平面图文件调用，保证每个单项总平面图图线内容完全一致，如果设计中有修改，只需修改外部参照文件即可。

(3)运用"图纸空间"窗口开关管理图层，"调配"出单项总平面图。

1)图层管理

通过合理地设置图层和图层管理来控制图面效果。可以参考表4.1设置和管理文件图层。

表4.1　总图图层设置

图层名	颜色	线型	打印线宽	图纸内容
0 原地形图	灰(8号)	细实线	灰度打印	将原地形图(图线和数值)一同放入该层，设置好图层参数，然后锁定图层，以免误删除
0 边界线	红(1号)	粗点画线	灰度打印	将所有边界线放入该层，锁定图层
0 建筑	灰(9号)	细实线	0.1	将建筑场地的建筑一层平面图精减为园林总平面图设计需要的部分，将其全部放入该图层，设置好图层参数，然后锁定图层
0 坐标网	灰(9号)	细实线	0.1	将城市坐标网放入该图层，设置好图层参数，然后锁定图层
1 粗线	青(4号)	粗实线	0.3	突出地面的实物的外轮廓线，园林建筑屋面轮廓投影线
1 中线	紫(6号)	中粗实线	0.15	突出地面的实物的内轮廓线，大部分边线
1 细线	深蓝(5号)	细实线	0.1	铺装分隔线
2 网格线	红(1号)	细虚线	0.1	施工坐标网格线及数值

续表

图层名	颜色	线型	打印线宽	图纸内容
2 等高线	深蓝(5号)	细实线	0.1	设计等高线、等高线数值
2 道路中心线	红(1号)	点画线	0.1	设计道路中心线、园林建筑定位轴线
文字1	白(7号)	细实线	0.15	设计对象名称标注和引出线、指北针
文字2	白(7号)	细实线	0.15	图名、比例
填充1	灰(8号)	细实线	灰度打印	植物填充，水面填充
填充2	灰(8号)	细实线	灰度打印	铺装材料填充
DIM-LEAD				铺装文字说明
DIM-ELEV				标高，示坡标注
DIM-IDEN	绿(3号)	细实线		索引标注
DIM-COOR				坐标
PUB-DIM				所有的尺寸标注

2)引用外部参照

CAD 外部参照是将其他图纸引用到当前图的一种方法。当一个含有外部参照的文件被打开时，它会按照记录的路径去搜索外部参照文件。如果外部参照原文件被修改，含外部参照的图形文件会自动更新。在总图设计中，各单项总平面图有大量相同的设计内容，将这些相同的内容做成外部参照文件，然后被单项总平面图调用，就能保证所有引用的单项总平面图都是最新的，从而减少不必要的重复修改、重复复制，大大提高设计质量和设计效率。

外部参照文件其实就是一般的 DWG 格式的文件，只是调用的时候以外部文件的形式使用。单项总平面图共享的外部参照文件的内容就是4.2节所述内容。

在菜单"插人"的下拉菜单中选择"外部参照"，选择要调用的外部参照所在的路径和文件名，弹出对话框，将"插入点""比例""旋转"均使用默认值，即完成调用步骤。外部参照文件需与调用它的主文件放在同一个文件夹中。

(1)外部参照文件包含的内容及其表达　包含的内容及其表达如下：

①只绘制图线，不要标注文字。因不同比例的图其文字大小不同，除了单项总平面图会调用它，详图也有可能调用它，因此总图外部参照最好不要标注文字。

②设计对象建议按表4.2设置图层，线型、颜色。

③设计内容按表4.2的要求绘制，只是不标注任何文字

④如果在位编辑外部参照图，其源文件也被修改了。

(2)外部参照对应的图层和设计内容　见表4.2。

表4.2　外部参照对应的图层和设计内容

图层名	颜色	线型	打印线宽	图纸内容
0 原地形图	灰(8号)	细实线	灰度打印	将原地形图(图线和数值)一同放入该图层，设置好图层参数，然后锁定图层，以免误删除

续表

图层名	颜色	线　型	打印线宽	图纸内容
0 边界线	红	粗点画线	灰度打印	将所有边界线放入该层,锁定图层
0 建筑	灰(9号)	细实线	0.1	将建筑场地的建筑一层平面图精减为园林总平面图设计需要的部分,将其一同放入该图层,设置好图层参数
0 坐标网	灰(9号)	细实线	0.1	将城市坐标网放入该图层,设置好图层参数,然后锁定图层
1 粗线	青(4号)	粗实线	0.3	突出地面的实物的外轮廓线,园林建筑屋面轮廓投影线
1 中线	紫(6号)	中粗实线	0.15	突出地面的实物的内轮廓线,大部分边线
1 细线	深蓝(5号)	细实线	0.1	铺装分隔线
2 网格线	红(1号)	细虚线	0.1	施工坐标网格线及数值
2 等高线	深蓝(5号)	细实线	0.1	设计等高线、等高线数值
2 道路中心线	红(1号)	点画线	0.1	设计道路中心线、园林建筑定位轴线

3)图纸空间

新建一个"视口"图层,颜色设置为灰色,专放所有的视口,以便控制"视口"层的图线是否打印。

视口就像图纸空间的一个窗口,可通过窗口编辑"模型空间"里的图,图纸空间可以创建多个视口,视口与视口是独立的不会相互影响,以满足各种不同比例布图的需要。

在视口图层,用 mv 命令创建视口。在视口范围内双击,进入视口编辑状态,相当于进入模型空间了。找到需要的图,缩放到适当大小,然后输入 z 来设定出图比例,如要设 1∶300 的图,先输 z 回车,1/300xp 回车,然后在视口范围外双击,回到图纸空间状态,拉伸视口来调节图纸所示范围。

一个图纸空间内可以建多个视口,一个视口可生成一个"单项平面图"文件。

在外部参照文件调用后,可在模型空间中加绘施工坐标网格线、定位坐标、定位标注、标高标注、文字标注、索引标注等,然后在图纸空间中,在视口范围内,通过"在视口中冻结或解冻图层",选择不同的单项总平面图所需要的信息。

也可在图纸空间中针对单项总平面图对应的视口绘制以上内容,这就不用通过"在视口中冻结或解冻图层"选择每个"单项平面图"所需要的信息了。

(1)定位总平面图　定位平面图中包含的内容及图层管理如下:

①关掉"0 原地形图"和"2 等高线"图层。

②增加定位定形尺寸标注,图层"PUB-DIM"。

③重点表现施工坐标网格线和定位点城市坐标,图层"2 网格线""DIM-COOR"。

(2)竖向设计总平面图　竖向平面图中包含的内容及图层管理如下:

①关掉"0 坐标网""2 网格线"图层。

②增加标高标注内容,图层"DIM-ELEV"。

③增加等高线设计内容,图层"2 等高线"。

(3)铺装总平面图　铺装平面图中需关掉"0 原地形图""0 坐标网"和"2 网格线""2 等高线"图层。增加铺装标注内容,图层"DIM-LEAD"。铺装材料填充(2 填充)。

(4)索引总平面图　索引平面图中关掉"0 原地形图""0 坐标网"和"2 等高线"图层,增加索引标注内容,图层"DIM-IDEN"。

计算机辅助设计总平面图(视频)

5 竖向设计

地形设计是景观设计中比较难的部分，需要综合考虑原有地形、土石方工程量、排水、种植、建筑、空间等各方面因素。在学习阶段，主要掌握好如何表达，哪些环节需要考虑哪些因素，具体设计可在今后工作中积累经验。

竖向设计也称为竖向规划，是规划场地设计中一个重要的有机组成部分，它与总平面布置、园建设计、植物种植设计、排水设计密切联系而不可分割。通过地形设计可以提高土地利用率优化多功能空间，提高空间艺术质量、自然美、艺术美(小中见大)、生活美，提高空间环境质量，有效调节光、温、热、气流、舒适，围合空间调节小气候，提高施工效率，合理调整计划施工，提高效率。

5.1 竖向设计的平面图

5.1.1 竖向设计的表达方法

竖向设计的表示方法主要有设计标高法、设计等高线法和局部剖面法3种。一般来说，坡地或对室外场地要求较高的情况常用设计等高线法表示，平坦场地常用设计标高法，台地多用局部剖面法表示。

(1)设计标高法　设计标高法也称为高程箭头法(图5.1)，该方法根据地形图上所指的地面高程，确定道路控制点(起止点、交叉点)与变坡点的设计标高和建筑室内外地坪的设计标高，以及场地内地形控制点的标高，将其注在图上。设计道路的坡度及坡向，反映为以地面排水符号(即箭头)表示不同地段，不同坡面地表水的排除方向。

(2)设计等高线法　相对于设计标高法，设计等高线法(图5.1)更复杂，对地面的设计要求更高。园林中只在对微地形绿地、山坡等地形时用等高线进行竖向设计；一般广场、道路、停车场等硬地多用设计标高法，但当对地面标高和排水要求较高时，也会用等高线法设计。设计等高线法表达地面设计标高清楚明了，能较完整地表达任何一块设计用地的高程情况。

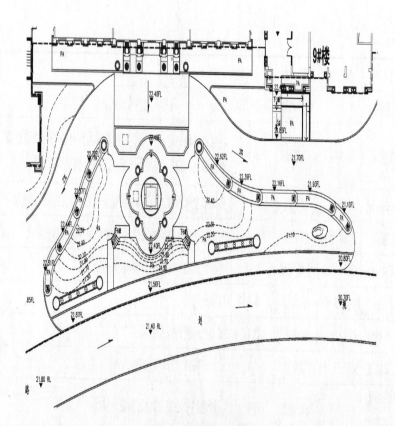

图5.1 竖向设计平面图

(3)局部剖面法　局部剖面法(图5.2)可以反映重点地段的地形情况，如地形的高度、材料的结构、坡度、相对尺寸等，用此方法表达场地总体布局时台阶分布、场地设计标高及支挡构筑物设置情况最为直接。对于复杂的地形，必须采用此方法表达设计内容。

图5.2 局部剖面示意图

5.1.2 道路竖向设计

竖向设计一般先作道路，后作场地，因为道路是场地设计的骨架，首先进行场地主要道路定线。场地四邻规划现状或控制的高程是确定场地竖向设计高程的坡向主要因素。道路竖向一般采用标高法标注。

确定主要道路中线交点、折点、起伏变化点的标高开始，计算出道路分段长度与坡度，使道路成为一个高低不同各点相连的立体网架。这个立体网架控制着整个地形，一切工程标高都与它发生关系，受它的影响和制约。

设计用的高程系统采用委托方提供的地形图中的高程系统，一般为国家高程系统。标高为设计高程系统下的绝对标高,如图5.3所示,通常标高的标注单位为米,保留小数点后两位,如果有特殊要求应在设计说明中注明。

道路排水坡度需标注每两个相邻标高间的排水方向、纵向坡度和距离,如图5.4所示,表示两变坡点之间坡度为3.0%,坡长为55 m。每条路的最高点有分水线,最低点有汇水线,汇水线和分水线用细实线绘制,并用文字标明"汇水线""分水线"。排水明沟用细实线,暗沟用细虚线表示,雨水口应作图例说明。

图5.3 室外场地标高   图5.4 排水坡度

机动车道的纵坡不应小于0.2%,也不应大于8%,其坡长不应大于200 m,在个别路段可不大于11%,其坡长不应大于80 m;在多雪严寒地区不应大于5%,其坡长不应大于600 m;横坡应为1%~2%;非机动车道的纵坡不应小于0.2%,也不应大于3%,其坡长不应大于50 m;在多雪严寒地区不应大于2%,其坡长不应大于100 m;横坡应为1%~2%。道路横向坡度可在设计说明中统一表述。

5.1.3 场地地形设计

场地设计一般采用等高线法和标高法两种标注法。

等高线法通常表达绿地、土壤自然面的地形。等高线应每隔4根加粗1根,并标明数值。原等高线用细虚线绘制,设计等高线用细实线绘制。等高距根据地形起伏的陡缓和设计要求选取,竖向高差较大的等高距可以取大些,地形变化较小的等高距设小些。但等高距最小不宜小于0.2 m,取偶数便于计算。

景观施工图中下列位置需要标注标高:
①建筑物室内外设计标高。
②排水沟沟顶和沟底标高。
③挡土墙、护坡或土坡等构筑物的坡顶和坡脚的设计标高。
④水体驳岸的岸顶、岸底标高,池底标高,水面最低、最高及设计常水位。
⑤假山各山顶,上人假山各梯段平台。
⑥花池、树池、景墙、围墙上表面。
⑦室外台阶各梯段,坡道各坡段。
⑧广场中心和各边,广场与道路接口处。

园林场地标高细节较多,有时为了区分不同设计对象的标高,将地面、水面、水底等标高分别表示为:FL22.40,WL22.34,BF22.04,池壁顶面标高 TW22.48,应在图中以图例说明(图5.5)。

广场、平地需标注排水坡度和坡向。地面坡度不应小于0.2%,地面坡度大于8%时宜分成台地,台地连接处应设挡墙或护坡;步行道的纵坡不应小于0.2%,也不应大于8%,多雪严寒地区不应大于4%,横坡应为1%~2%;人流活动的主要地段,应设置无障碍人行道。绿地标注最大坡度和最小坡度。

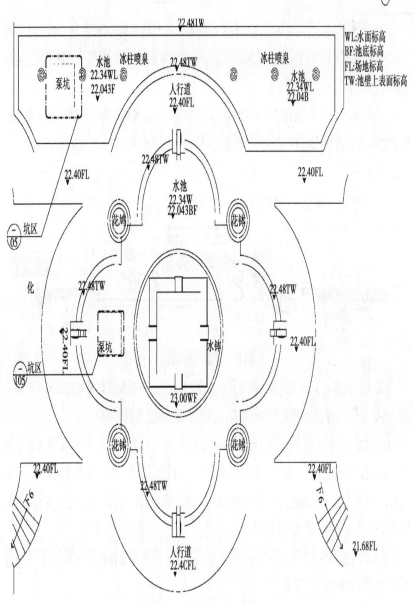

图5.5 水景标高标注平面图

排水明沟用细实线,暗沟用细虚线表示,雨水口应作图例说明(图5.6)。

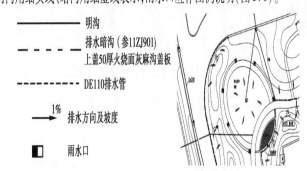

图5.6 排水图例、局部平面图

在场地地形标高处理过程中,可以反过来再调整道路的标高。一般来讲与道路相邻的场地标高要高,而建筑室外标高更高,建筑室内标高为最高。这样由道路至地形,再由地形至道路,经过几次反复调整,并结合不同方案土石方计算结果,进行分析比较,最后确定合理的结果。

5.2 竖向设计的剖面图

园林竖向设计主要以平面图的形式表达,当竖向变化较大或遇到构造复杂的地段时,则需要增加剖面图,以深入表达竖向变化情况以及构造情况。

竖向剖面图表达重要地区或地形较复杂的地段的标高变化情况,比例一般为 1:100 ～1:500。剖面设计应与竖向设计平面图同步进行,以便互相对应及时调整平面图中异常的标高设计。

(1)水景、下沉广场、大台阶等处需做竖向剖面图设计 比例为 1:50 ～1:300。除了表达竖向变化外,还表达不同地面构造做法的衔接,也可从大剖面图中索引放大局部节点(图5.7)。

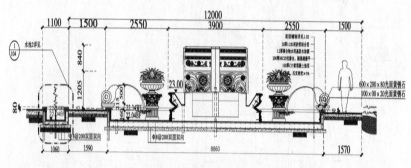

图5.7 水景竖向剖面图

(2)人行园路道牙、花池池顶标高在其构造做法中表达 一般比其相邻地面高出一个固定值。如立道牙一般高出园路 0.150 m 左右,花池一般高出附近地面 0.400 m。

(3)边坡、挡土墙、排水沟等特殊位置的剖面大样 一个工程的边坡、挡土墙、排水沟尽量统一做法,以便于施工。一般用 1:20 比例或者直接引用标准图集。挡土墙高出地面 0.400 m 左右,可作坐凳用;若高度超过视线(1.600 m)时,如果场地进深允许,可结合花池做成几层跌级式,以减少高度给人造成的压迫感。

排水沟可选用标准图集。但当地面铺装要求较高时,排水沟盖板材料和样式则需特别考虑,以免排水沟影响整体效果。

5.2.1 边坡

边坡是一段连续的斜坡面。为了保证土体和岩石的稳定,斜坡面必须具有稳定的坡度,这个坡度就是边坡坡度,坡度用高宽比表示 1:m,即高度为 1 时,水平向变化值为 m。如图5.8所示为挖方边坡和填方边坡。

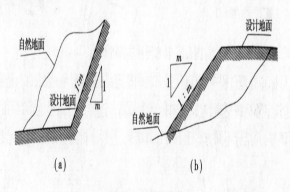

图5.8 边坡挖填图
(a)挖土边坡;(b)填方边坡

5.2.2 挡土墙

挡土墙是承受土压力,防止土体坍塌的墙式构筑物,多用毛石、砖、混凝土建造。当两处地面有高差而又不能平顺连接时,通常以挡土墙连接。挡土墙承受墙后的土压力,如图5.9所示。

5.2.3 排水设施

(1)雨水口(排水口) 雨水口(也称为雨水篦子)有立箅式、平箅式、联合式或横向雨箅等形式,通常布置在道路、停车场、广场和绿地的积水处。

(2)排水沟 按排水沟断面形式分,排水沟有矩形沟、梯形沟、三角形沟等,其中矩形沟较为常见。排水沟一般布置在场地地势较低洼处、挡土墙墙址、边坡坡底、道路两侧、下沉式广场边缘等。

(3)常用图例 常用图例如图5.10 所示。

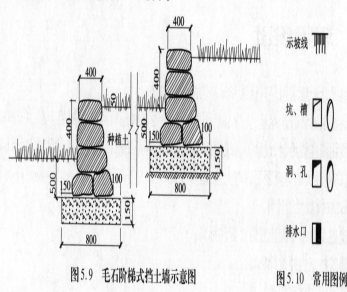

图5.9 毛石阶梯式挡土墙示意图　　图5.10 常用图例

6 园林建筑及小品设计

【本章导读】

园林建筑小品包括花架、景墙、岗亭、厕所、小卖部、餐厅等,在园林中是点睛之笔,其美观、功能是设计的重点。学习本章要以建筑材料构造知识为基础,重点掌握详图的设计深度和构造方法。

常见的园林建筑按功能分类如下:

(1)游憩性建筑 亭、廊架、楼阁、榭舫等。

(2)服务性建筑 茶室、小餐厅、接待室、小卖部、小型展室、公厕等。

(3)文体游乐建筑 露天剧场、游艺室、旱冰场、游泳馆、游船码头等。

常见的园林建筑小品有门洞、景窗、景墙、园桥、树(花)池、栏杆、园桌、园椅、园灯、宣传栏等。

不同于居住建筑和公共建筑,园林建筑一般体量小、功能单一,因而造型设计的自由度和灵活性较强,一般的建筑设计方法不完全适用于园林建筑设计。

6.1 园林建筑平面图

通常平面图是假想用一水平剖切平面,在距地(楼)面1.2 m左右标高处,将建筑水平剖切开,对剖切平面以下的部分所作的水平正投影图(图6.1)。平面图主要表达建筑物的平面形状、布局、大小、用途等,园林建筑平面图一般包括基础平面图、底层平面图、中间层平面图、屋顶平面图等。园林小品不同标高水平面上变化较多时,则必须增加特定标高处的平面图,如图6.5、图6.6所示为分别在3.8 m、5.5 m、6.8 m处绘制平面图。

平面图(视频)

6.1.1 平面图设计的要求

1)平面图设计的深度要求

建筑平面施工图(图6.1、图6.5、图6.6)要求尽量详尽,所有墙、柱、门窗、楼梯等构件均须

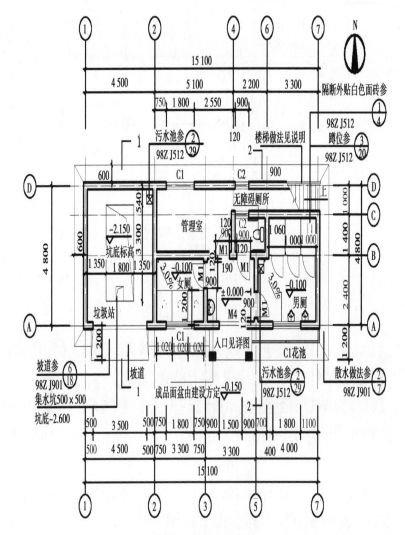

图6.1 建筑一层平面图

定形、定位,所有平面须定标高,所有楼地面、墙面、楼梯踏步、扶手栏杆、散水等需标注做法(也可以在设计说明中表述)。具体要求如下:

①承重墙、结构柱及其定位轴线和编号,如果是单柱或独片墙也可不编轴号,但要有两个方向的定位轴线,定位轴线一般为柱中心或墙中心。

②轴线总尺寸(或外包总尺寸)、轴线间定位尺寸、分段尺寸。

③墙身厚度、柱的尺寸及其与轴线的距离。

④内外门窗位置、编号及定位尺寸,门的开启方向,注明房间名称。

⑤楼梯位置及上下行方向和楼梯详图索引编号,台阶的上下方向及做法索引。

⑥地面、楼面标高及廊架屋顶投影轮廓线以下的环境地面标高。园林小品平面图上宜标注小品顶标高(绝对标高)和地面标高。

⑦坐凳、栏杆、台基等附属设施或装饰物的位置、尺寸及其做法索引。

⑧剖面图剖切位置及编号,索引剖面详图位置及索引符号。

⑨指北针(画在一层平面)、图纸名称、比例。

⑩图纸的省略。如系对称平面,对称部分的内部尺寸可以省略,对称轴部位用对称符号表示(图6.2)。

2)平面图的图示要求

①园林建筑平面图也是按剖面图表示方法画的,被剖切平面剖到的柱、墙轮廓线用粗实线表示,如图6.1所示的墙体、如图6.2所示的柱,其轮廓线包围的部分需填充材料图例;未被剖切到的部分,如台阶、花池、坐凳、栏杆等用细实线表示,尺寸线也用细实线表示;被遮挡的部分

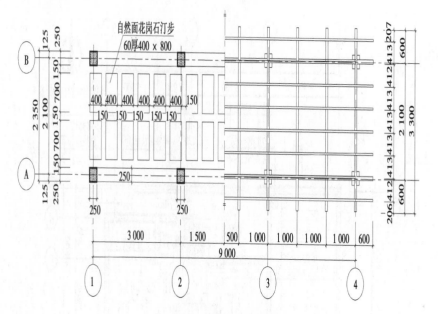

图6.2　对称建筑平面图

用虚线表示，一层平面图如果要表示屋顶轮廓投影线，则用虚线表示。园林小品如果是俯视图，则平面外轮廓线用中粗线，如果是剖切平面图，则剖到的轮廓线用粗线。

②亭廊架等小建筑的地面的铺装设计（图6.2）一般也会在一层平面图中表达，此时要注意与实物轮廓线区分，铺装分隔线用更细的实线，填充材料用灰度线表示，旁边标注相应的文字说明。

③园林建筑平面图常用的比例有1:200,1:100,1:50,1:20。园林建筑小品一般来说体量小、结构简单，但细节多，通常可采用较大的比例，如1:50~1:10。

④比例1:100的平面图的材料图例可用实物填充，大于1:100的平面图如1:50,1:20等可填充相应的材料图例，以充分显示材料的不同。

⑤结构楼面标高与建筑标高会有铺装厚度的差异，建筑平面图标注铺装完成面的标高。

⑥定位标注和定形尺寸标注。平面图中的尺寸标注须与立面、剖面中同一尺寸一致。

6.1.2　底层平面图

首层平面图(视频)　　茶室一层(图纸)

园林建筑的底层（图6.1）是地上与地下的相邻层，并与室外直接相通，成为上下和内外的枢纽。结构柱或承重墙的定位、尺寸均在底层表达。

1)设计深度要求

除了如图6.1所示达到的设计深度外，底层平面图还应有以下内容：

①底层地面的相对标高一般为±0.000，其相应的绝对标高应该分别在底层平面图和设计说明中注明。

②底层与室外连接的出入口一般有台阶，室内外均应标注标高，凡是有标高变化之处，在其两侧均应有标高标注，并应与立面、剖面图协调对应。

③结构柱、承重墙均应标示定位轴线，结构较简单时可不编轴号，标注墙、柱定位轴线间的尺寸以及其他轮廓线与轴线间的尺寸。

④剖切面应选在立面变化较多、具有代表性的部位，使剖面能尽量多地反映不同"景深"处的立面形状，不建议将剖切面定在过承重墙或结构柱处。剖视方向宜在图面上向左和向上的方向。

⑤剖面图剖切线位置及编号，索引剖面详图位置及索引符号。

⑥底层平面图应有指北针。

⑦底层平面图比例应视面积大小和设计细节的多少选择合适的比例，一般1:100,1:50和1:20均可。如果平面细节很丰富会导致有较多的文字标注和尺寸标注，则应使用较大的比例；面积较小的平面可选稍大的比例如1:50或1:20，使图面显得丰满。

2)设计方法和要点

园林建筑室内外应有高差，一般至少0.10 m高，以防止雨水倒流室内，花架或虚屋面亭廊不存在室内，因此其屋架投影轮廓线内外不必有高差。

平面为圆周的亭廊，其结构柱定位轴线以过所有柱中心的圆周为一条定位圆轴线，另外的是过每个柱并与定位圆轴相垂直的轴，如图6.3所示圆亭平面图。

底层平面图往往同时表达了亭廊地面铺装，如果铺装细节过多，建议铺装设计专门作为铺装平面来表达，如果合并到底层平面图，则应做到铺装线与实物线的区分，铺装线应以最细的实线表达。

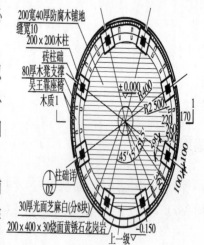

图6.3　圆亭平面图

6.1.3　中间层平面图

二层平面图(视频)　　茶室二层(图纸)

园林建筑少有高层，多层时会产生楼层（二层及以上楼层）平面图；有时单层亭、廊的梁柱结构较复杂或者不同标高的平面细节较多时，也需要补充平面图，在此均作为中间层平面图说明。

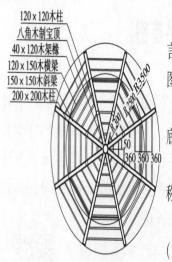

图6.4　橡架平面图

园林建筑楼层的标高一般是相对于±0.000地面而言的相对标高，其相应的绝对标高应该分别在底层平面图和设计说明中注明。

如果没有编轴号，则应通过定位标注保证中间层与底层对应关系的正确。

完全相同的多个楼层可以共用一个楼层平面图(也称为标准层)，该层的相对标高要标示每层楼层的标高。

亭廊等结构复杂时可补充以下从下向上看的橡架平面图(图6.4)。应标示梁架规格、材料和名称，尽量标注端部或顶部标高，否则只能以梁架规格、材料与剖面图建立对应关系。

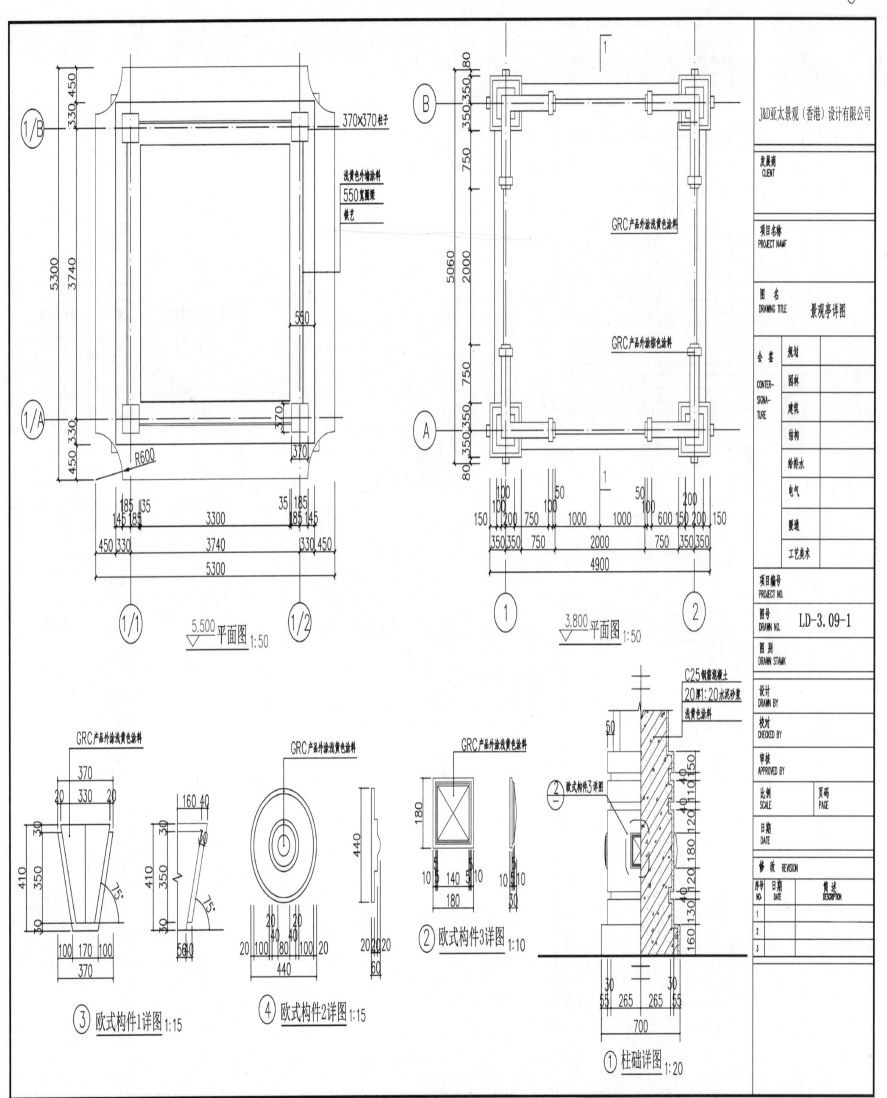

图6.5 景观亭详图（一）

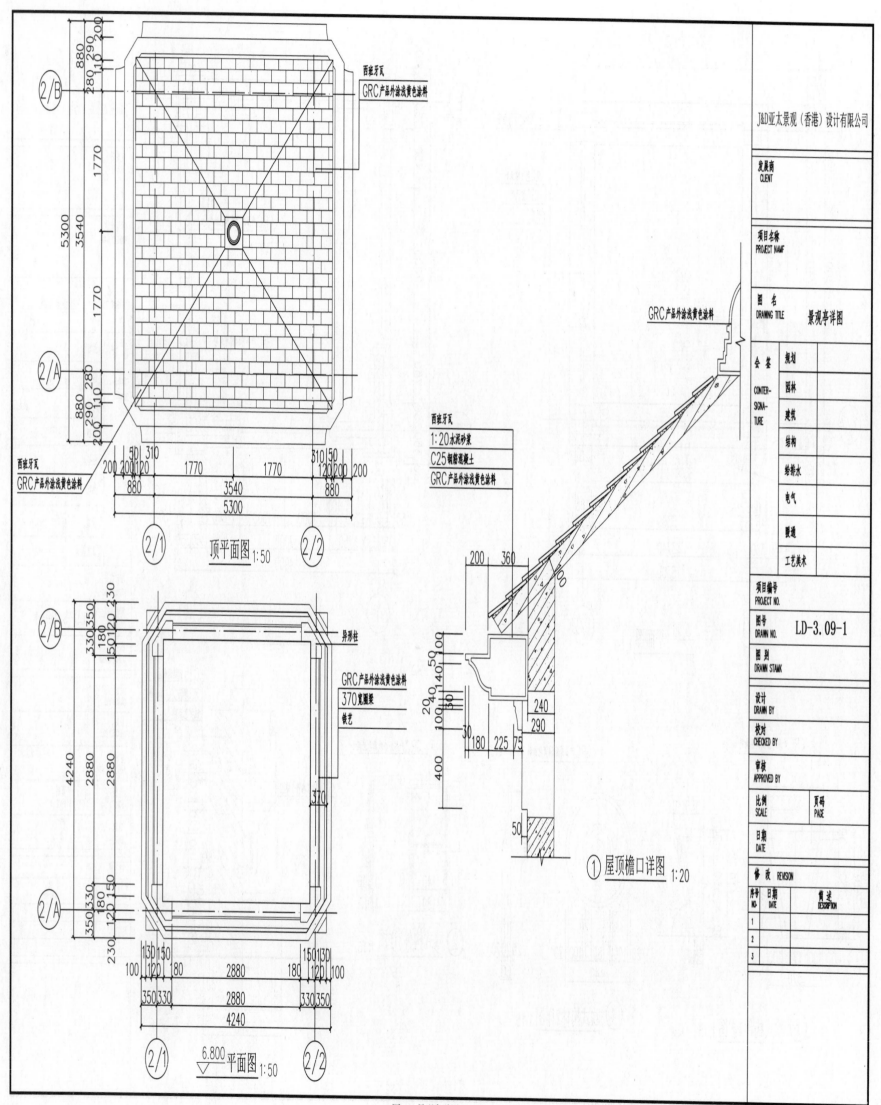

顶平面图 1:50

西班牙瓦
GRC产品外涂浅黄色涂料

西班牙瓦
GRC产品外涂浅黄色涂料

西班牙瓦
1:20水泥砂浆
C25钢筋混凝土
GRC产品外涂浅黄色涂料

GRC产品外涂浅黄色涂料

① **屋顶檐口详图** 1:20

GRC产品外涂浅黄色涂料
370宽圈梁
铁艺
异形柱

▽6.800 **平面图** 1:50

J&D亚太景观（香港）设计有限公司

发展商 CLIENT	
项目名称 PROJECT NAME	
图 名 DRAWING TITLE	景观亭详图

会 签 CONTER-SIGNA-TURE	规划
	园林
	建筑
	结构
	给排水
	电气
	暖通
	工艺美术

项目编号 PROJECT NO.	
图号 DRAWN NO.	LD-3.09-1
图别 DRAWN STAMK	
设计 DRAWN BY	
校对 CHECKED BY	
审核 APPROVED BY	
比例 SCALE	页码 PAGE
日期 DATE	

修改 REVISION		
序号 NO.	日期 DATE	简述 DESCRIPTION
1		
2		
3		

图6.6 景观亭详图（二）

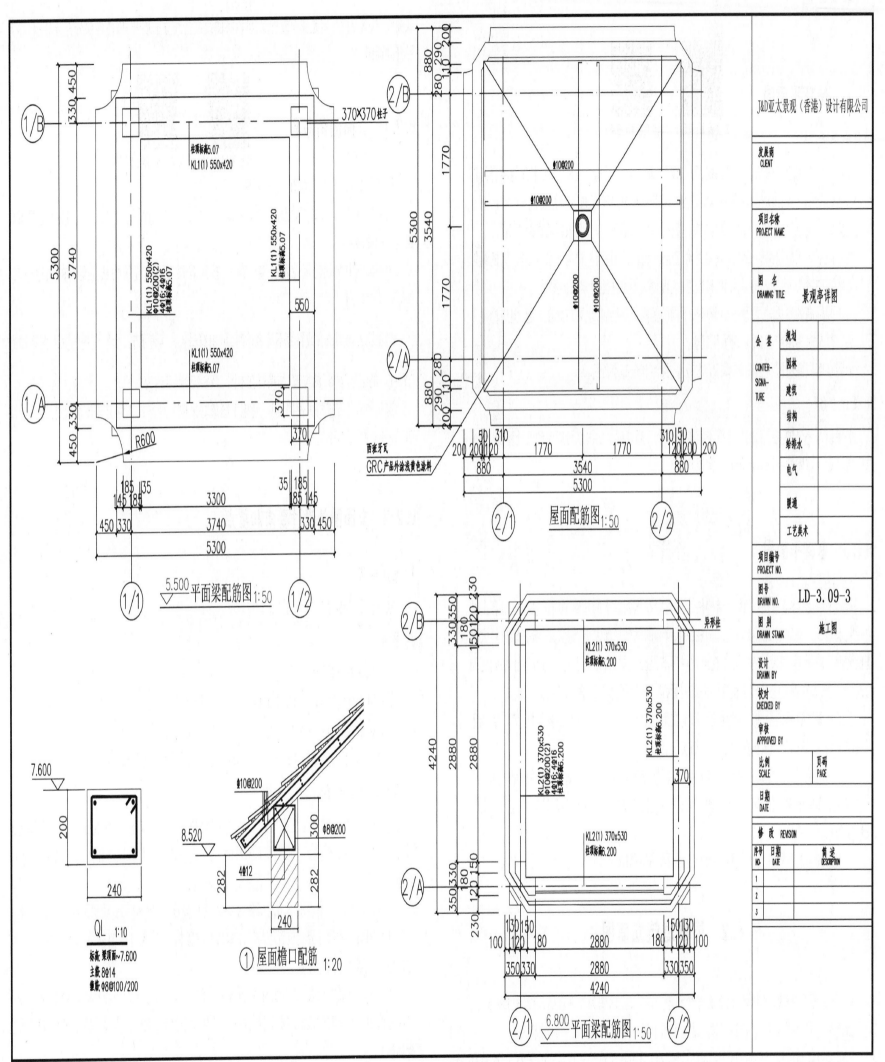

J&D亚太景观（香港）设计有限公司

发展商 CLIENT	
项目名称 PROJECT NAME	
图 名 DRAWING TITLE	景观亭详图

会 签 CONTER-SIGNA-TURE	规划	
	园林	
	建筑	
	结构	
	给排水	
	电气	
	暖通	
	工艺美术	

项目编号 PROJECT NO.	
图号 DRAWN NO.	LD-3.09-3
图别 DRAWN STAMK	施工图
设计 DRAWN BY	
校对 CHECKED BY	
审核 APPROVED BY	
比例 SCALE	页码 PAGE
日期 DATE	

修改 REVISION		
序号 NO.	日期 DATE	简述 DESCRIPTION
1		
2		
3		

370×370柱子

KL1(1) 550×420
柱顶标高5.07

KL1(1) 550×420

KL1(1) 550x420
柱顶标高5.07

KL1(1) 550×420
Φ10@200(2)
4Φ16；4Φ16
柱顶标高5.07

R600

KL1(1) 550×420
柱顶标高5.07

5.500 平面梁配筋图 1:50

Φ10@200

Φ10@200

Φ10@200
Φ10@200

西班牙瓦
GRC产品外涂浅浅黄色涂料

屋面配筋图 1:50

7.600

200

240

QL 1:10
标高：梁顶面~7.600
主筋：8Φ14
箍筋：Φ8@100/200

8.520

Φ10@200

282

4Φ12

282

300

Φ8@200

240

① 屋面檐口配筋 1:20

异形柱

KL2(1) 370x530
柱顶标高6.200

KL2(1) 370x530
柱顶标高6.200

KL2(1) 370x530
Φ10@200(2)
4Φ16；4Φ16
柱顶标高6.200

370

KL2(1) 370x530
柱顶标高6.200

6.800 平面梁配筋图 1:50

图6.7 景观亭详图（三）

6.1.4 屋顶平面图

三层屋面(视频)　茶室屋面(图纸)

1) 设计深度

屋顶平面图需绘出两端及主要轴线,分水线、汇水线并标明其定位尺寸,坡屋顶的屋脊线即为分水线(图6.6);绘出坡向符号并标明坡度(凡相邻并相同坡度的坡面相交成45°角),雨水口位置应标注定位尺寸,绘制出屋面的爬梯、楼梯间、女儿墙等,并注明采用的详图索引号。

坡屋面平面图应绘出屋面坡度或用直角三角形标注,注明材料、檐构下水口位置,沟的纵坡度和排水方向箭头,出屋面的排风道、排烟道、老虎窗应绘出并注明索引详图号。

有不同标高的屋顶时,屋顶平面图可按不同的标高分别绘制,也可以画在一起,但应标注不同标高。复杂时多用前者,简单时多用后者。

标明亭廊屋面所覆材料图例,如瓦、木板等;标注其最高点处标高。

2) 设计方法

平屋顶每一个独立屋面的排水管不宜少于两个。高处屋面的雨水可以流到低处屋面上,汇总后再排走。坡屋面亭廊等的雨水可散排。

6.1.5 基础平面图

基础平面图(图6.8)表达的是结构柱或承重墙在地面以下的基础平面信息。有时会由结构专业来完成。基础平面图要表达结构柱或承重墙的基础平面大小、做法;一般基础材料大多是现浇钢筋混凝土,如果结构柱是木材或钢材等非混凝土材料,则需表达柱与混凝土基础之间的连接关系,如在混凝土基础中预埋钢板或钢管,以完成不同材料之间的衔接。

基础平面图也是剖面图,一般剖切平面定在地面以下到放大脚之间,剖到的柱、墙轮廓线用粗实线表示,看到的基础放大脚轮廓线用细实线表示。

除标注定位尺寸和定形尺寸外,还需以文字标明基础的配筋情况,钢筋直径数量和等级等。

基础平面图中需标注基础剖面图的剖切符号,交代清楚柱或承重墙与基础的垂直方向定位及尺寸关系和做法详图。

放大脚的钢筋网可用打断线示意掀开表层后的钢筋情况。

6.2 园林建筑立面图

立面图(图6.9)表示园林建筑立面形状和相应内容,立面图为外垂直面正投影可视部分,是显示建筑外貌特征及装饰的工程图样,是施工图中进行高度控制和装饰的技术依据。

一般园林建筑的每个方向的立面图都应该绘出,但园林建筑经常是对称的平面,因此总有几个立面是相同的,此时只需作些说明,绘出一个立面就够了。当园林建筑或小品平面是折线

或曲线时,其立面一定是曲面或折面,可以将曲线或折线立面展开,以使各部分充分显示,称为展开立面图。

立面图(视频)　茶室立面(图纸)

6.2.1 立面图的命名

用朝向命名,如南立面图、北立面图。

按外貌特征命名,如正立面图、背立面图、左立面图、右立面图、侧立面图,一般亭廊类园林建筑可如此命名。

用平面图中两端的定位轴线编号命名,按照观察者面向建筑物从左至右的顺序命名,如⑤—①立面图。

当正视方向用语言或符号不易表达时,可用符号 ⑤/YS-17 表示向"上"正视的立面图在图号"YS-17"的编号为"5"的位置,如果就在本图,"YS-17"则可改为"—"。

这几种命名方式均可使用,但一套施工图最好采取一种方式。对于展开立面图,图名应注明"展开立面图"字样。

6.2.2 立面图的设计要求和要点

1) 定位轴线

轴线位置与编号应与平面图相对应。

2) 图线

①立面图外形轮廓用粗实线。

②室外地坪线用1.4倍的加粗实线(线宽为粗实线的1.4倍)表示。

③梁柱边线、洞口、窗洞、檐口、台阶、扶手、坐凳线等用中实线表示。

④其余的,如墙柱梁的装饰分隔线、门窗格子、屋面瓦片线等用细实线表示。

3) 尺寸标注与标高

①立面图中,一般只标注必要的竖向尺寸和相对标高,相对标高即相对于底层室内地面(标高为±0.000)的标高。立面图左右对称时,可只在一侧标注垂直尺寸和标高,否则两侧面均需标注。

②标注在平面图中表示不出的坐凳面高度、栏杆高度、柱础面标高、梁顶标高等。

③竖向尺寸的尺寸界线位置应与所注标高的位置相对应,尺寸数值就是标高之差,竖向尺寸标注数应多于标高标注数。

④需标注标高的位置:室内地面、室外地面、檐口下方等,建筑最高点标高。对于亭廊架一般应标注距人站立时的最低的水平杆件的标高(如带坐凳时,就标注坐凳上方水平杆件的下边线标高)。

⑤对于廊架,其地面标高可能会随地形变化,不同位置的地面标高会不同。此时,可在立面图中说明"地面标高详平面图"。

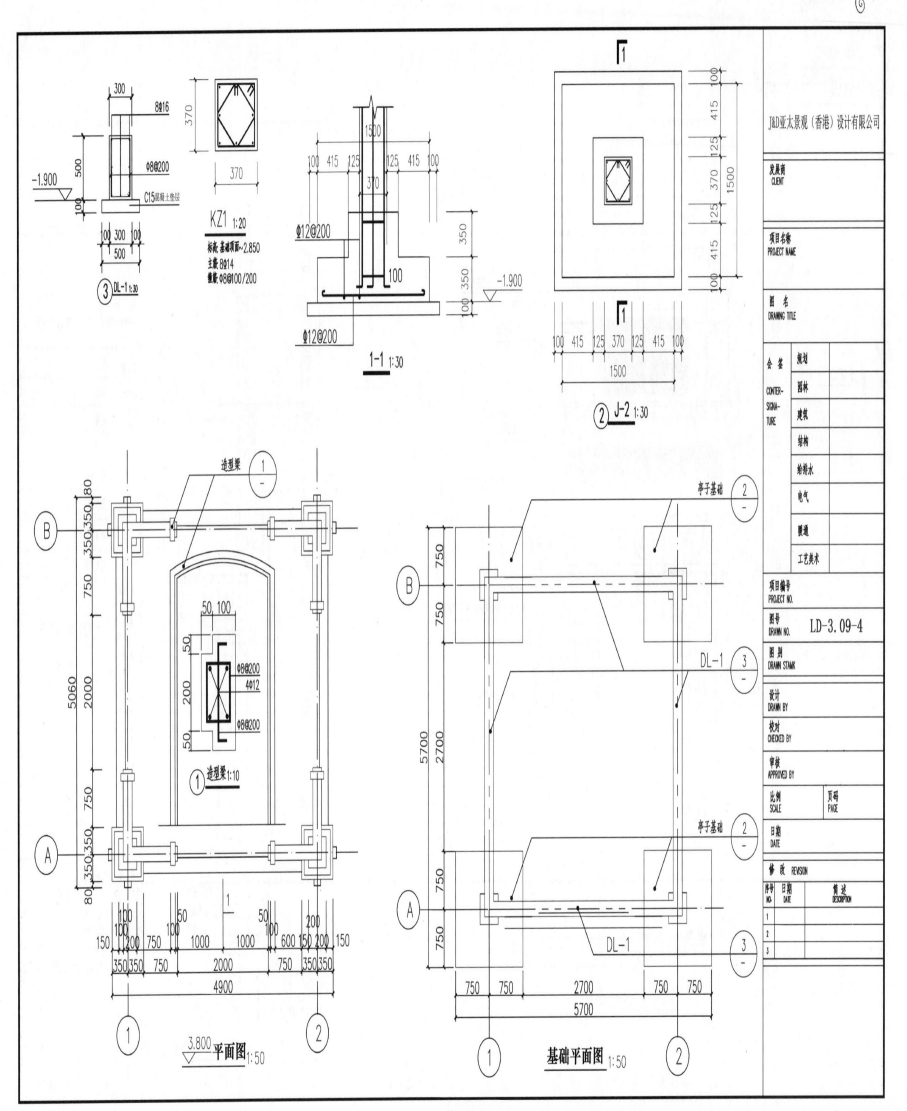

图6.8 景观亭详图（四）

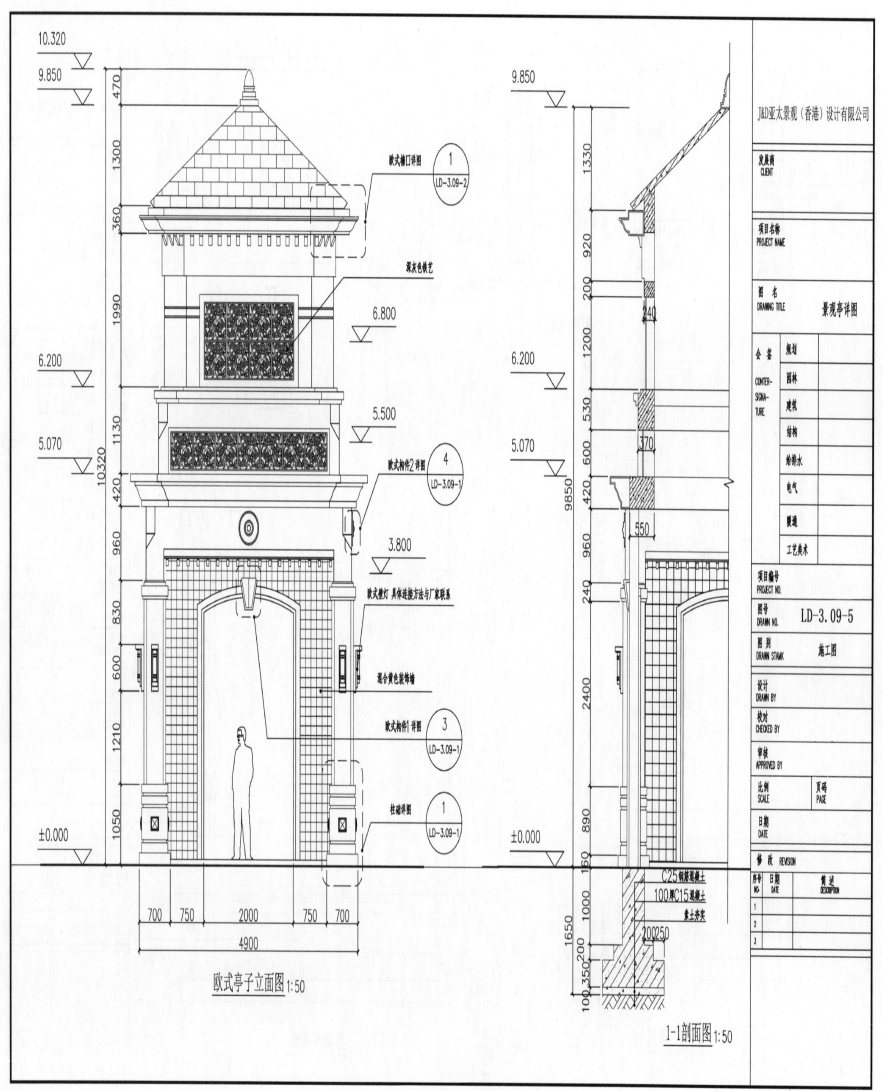

欧式亭子立面图 1:50

1-1剖面图 1:50

图6.9 景观亭详图（五）

4) 符号标注

①各部分构造做法、装饰节点详图索引、立面装饰材料规格肌理等,装饰材料引出文字标注,一般描述方式为"规格+肌理+颜色+材料名称",规格一般描述为"长×宽×厚",如600×300×15,表示材料长600、宽300、厚15,600×300×15烧面芝麻灰花岗岩表示长600、宽300、厚15的表面肌理为烧面、颜色为芝麻灰的花岗岩。

②凡立面图中可见部分不同材料均需以引出线作文字标注。

③立面图中标高尽量与平面图中相对应,以便识图。

④如果立面较简单,可不画而以剖面图代替。

⑤如果平面对称,也将立面图与剖面图合并,左半边是立面,右半边是剖面,图名为"立/剖面图"。

⑥构造索引、大样索引如果在平面图中不便标注,可在立面图中标注。

⑦平面图中表达不清的窗编号。

⑧图名、比例。

5) 立面图中前后层次的表达方式

立面图应把正投影方向内可视部分全部绘出(包括有前后变化的轮廓),门窗、阳台、雨篷、突出墙面的线角,用实线表示;前后有距离的或有凹凸的部位,须用不同粗细的实线区分,靠前(距观察者近)的宜用较粗线,最前面的用最粗线,装饰分隔线用最细线。粗细线的运用可以使立面更有前后层次,整体轮廓更清晰。

6) 立面图中不规则形状的表达方式

立面图构件造型不能用几何尺寸表达清楚的,需用网格线对其立面形状进行定位和尺寸界定,网格线的大小视其立面形状的复杂程度和大小来决定,即使有网格线辅助定位定形,也应尽量标注构件中有明确几何尺寸的部分;网格线原点的立面定位要具有可操作性。

7) 立面图的比例运用

立面图的比例宜与平面图保持一致,但也可根据具体情况选择不同的比例,但一定要注明。如果建筑平面简单而立面复杂,可用大的比例画立面图。

6.2.3 立面图常见通病

①立面图与平面图不一致,如形状、标高等。

②文字引出标注不全,如装饰材料、构件名称等不注明,或注明但与平面图中的材料、构件不对应。

③可视的线角、转折线不画出;被前景遮挡的不可见线反而画出来。

④展开立面图中标注水平尺寸,这个水平尺寸意义不大,标注只会适得其反。

6.3 园林建筑剖面图

表示建筑物垂直方向各部分组成关系的图纸为建筑剖面图,用垂直于地面的铅垂面作剖切面。剖面图是与平面图、立面图相配套和表达建筑物概况的不可或缺的图样。

剖面图(图6.9)表示建筑物各部分的高度、层数、空间组合利用,内部结构构造关系,屋面和楼地面构造做法及相关尺寸、标高。

剖切位置应选在垂直方向上变化较多、内外部空间关系较复杂的位置,使其能充分反映建筑内部空间的变化和构造特征。通常取门窗洞口、两柱之间等能反映构造关系的部位。剖切平面一般应平行于建筑物宽方向,必要时也可选择建筑物长方向。为了全面反映建筑物的内部构造差异,剖切面也可根据空间变化转折剖切。

剖面图的数量视结构构造复杂程度和细节多少而定,但至少应有一个,凡是结构构造不同的位置均要有剖面图甚至断面图,如果仅仅是局部节点不同,可用节点详图代替剖面图。

一个子项目的整套图纸中,剖切编号不能雷同,以免混淆;剖切编号一般用数字编号,如"1—1""2—2",断面图建议使用字母编号,如"A—A""B—B",以示区别。

6.3.1 剖面图的设计深度

茶室剖面图(视频)　茶室剖面(图纸)

①表达清楚建筑内部情况、分层情况、水平方向的分隔等。

②剖切到的室内外地面、楼(层)面、内外墙、梁柱等构件的位置、形状及相互关系。

③投影可见部分的形状、位置,用文字引出说明它们的名称、规格、材料等。

④地面、楼(屋)面有构造分层情况,可用文字标注或图例表示。

⑤墙、柱的定位轴线和轴号。

⑥垂直方向的尺寸和标高。

⑦节点构造详图索引符号,构配件、节点等放大详图尽量从剖面图中索引。

⑧树(花)池剖面详图中应画出排水孔构造。

⑨喷泉水池须标出溢水口、排水口位置及构造。

⑩广场、路边的矮墙式护栏、挡土墙需设排水孔。

⑪图名和比例。

6.3.2 剖面图的图示要求

应标出承重墙和结构柱的定位轴线和尺寸,轴号应与平面图、立面图相一致。

地面以下的部分,从基础墙处算起,可由园林建筑师绘制,如果结构较复杂,则可由结构工程师绘制,但基础构造做法如非混凝土的结构柱与混凝土基础的连接方式,则需由园林建筑师设计。

剖切到的轮廓线用粗实线表示,剖切到的轮廓线围合的部分需填充材料图例。剖切面后面可视部分也应表示。

1)图线

①室外地坪线用加粗实线,剖切到的轮廓线用粗实线表示,剖切面后面可视部用细实线表示,以区分前后层次。

②剖面图的比例宜与平面图、立面图相一致,但也可采用较大的比例。

③比例小于1:50的剖面图可不画出面层线,剖切到的结构、构造轮廓内部可涂黑,不用区分材料;比例大于等于1:50的剖面图应画出面层,并应画出材料图例(即对剖切到的结构、构造材料用相应的图例填充)。填充图例应用灰度线表示。

2)尺寸标注

①剖面图中应标出垂直方向上的分段尺寸和标高,但平面图中未交代清楚的水平尺寸也应标注。

②垂直分段尺寸一般有3道,最外面一道是总高尺寸,它表示室外地坪到建筑顶部最高点的总高度尺寸;中间一道是层高,中间段尺寸,如楼层高度;最里一道尺寸是门窗洞口、窗间墙、勒脚、檐口、梁下高等细部尺寸。

③标高应标注被剖到的外墙门窗口的标高、室外地面标高、檐口、女儿墙、距地面最近的梁底标高等。

④应标注剖切到的坐凳、装饰格栅等的细部尺寸。

⑤平面图中未表达清楚的窗、洞口、线角的高度尺寸、水平尺寸。

3)符号标注

如剖面图与平面图不在同一图上,可在平面图图号后的图纸编号,以免找不到。

6.3.3　剖面图的设计方法

①剖切符号一般应绘在底(首)层平面图内,剖视方向一般宜向左向上,以方便看图。

②标高指建筑完成面的标高,否则应加以说明。

③3道尺寸线应与立面图相对应,并应各居其道,不应跳道混注。如还有细部尺寸,可以另行标注,以保证标注清晰。如果结构简单,不一定非要3道尺寸线。

④构造做法、局部节点大样尽量在剖面图中引出,放大绘制。

6.3.4　剖面图设计中的常见通病

剖切位置不合适。剖切位置不是选在结构构造较复杂的位置,而是选在简单但不具代表性的位置,无法全部反映建筑物的内部。比如剖切位置选取过结构柱中心,这样的剖面图对柱与梁的交接关系则很难交代清楚。

剖面图中细节较多的部位应该放大另做大样,但往往图省事将标注挤在一堆,使得读图困难。

剖面图中漏掉该有的尺寸标注和符号标注,如标高、文字标注等。

剖切到的和未剖切到但可见的实物没有通过粗细线和填充图例区分开。

6.4　详　图

为了更清楚地表达建筑细节构造,对建筑的细部或构配件用较大的比例如1:20,1:10,1:5等将其形状、大小、材料、做法,按正投影画法详细表达出来的图样,称为详图,详图可以是平面图、立面图,也可以是剖面图。

建筑详图一般应表达出构配件的详细构造、所用的材料及规格、各部分的连接方法和相对位置关系;各部位、各细部的详细尺寸、标高,有关施工要求和做法说明等;同时详图必须绘出详图符号,应与被索引的图样上的索引符号相对应。

6.4.1　详图的特点

茶室详图(视频)　　楼梯大样(图纸)

(1)大比例　详图中应画出构造层线、面层线、填充图例符号。

(2)全尺寸　图中所画的构造线,除文字说明,均需标注尺寸。

(3)详说明　详图是施工的重要依据,不仅要大比例,还必须保证图例和文字详尽全面清楚,有时还引用标准图。

(4)各方向　根据详图的索引位置,详图可以是平面图、立面图,剖面图。从平面图中索引的详图一般应该是平面放大图,从立面图和剖面图中索引的详图一般应该是立面或剖面放大图。

(5)可直接引用标准图集　如果没有特殊要求,有些详图可不用设计而直接引用国家现行的标准图集,如台阶、无障碍坡道、屋面做法、檐口做法等都有成熟的标准做法,可大大提高设计效率。

6.4.2　详图分类及设计要求

详图是对平立剖面局部的放大,从平立剖面图中"抠"出的部分尽量保持相对的完整性,也不要旋转方向,让人一眼看出是哪一部分。

详图索引表示符号:

坐凳详 5 / YS-17,两条粗短线分别表示剖切的起始位置,粗短线下方的引出线为剖视方向,表示坐凳详图在图号YS-17的图纸编号为5的详图。

(1)节点详图　节点详图(图6.6中檐口大样)表达某一节点部位的构造、尺寸、做法、材料、施工要求等,有屋面构造、墙身内外饰面、檐口大样、屋脊做法等,一般是局部节点的剖面图,局部放大部分与相邻部分需要打断线切开。

构配件详图表达某一构配件的构造、尺寸、做法、材料、施工要求等,如门窗详图、雨篷详图、

被剖切的位置绘制剖切线并以引出线引出索引符号;如果只想表达剖切面剖切到的局部内容,则剖切引出线一侧的粗短线应当在需要剖切的位置的开始与结束处表示。索引符号如果是平面放大,则可以用粗虚线将需要放大的部分围起来,再以引出线索引出去;如果需要放大的部分相对独立完整,也可以不用粗虚线包围,直接引出即可。详图索引符号引出线上方应标明实体名称,以方便识图。

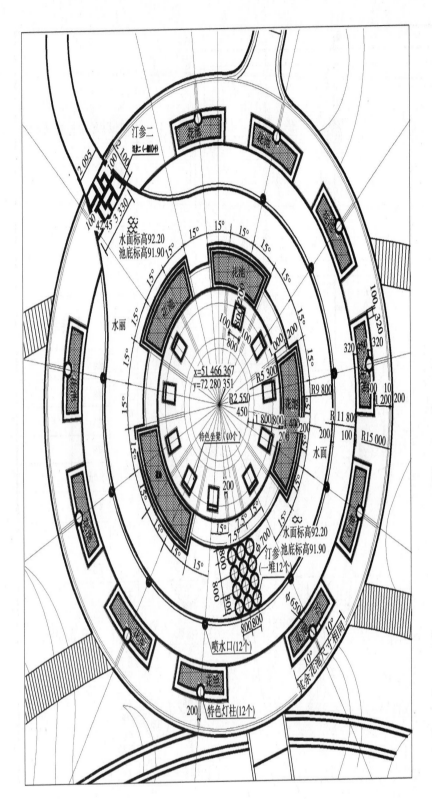

图7.1 水景平面定位图

②标注完成面的绝对标高(图7.2)。

③位置太小标不下,则可用引出线,在引出线上方标注标高符号和数字。

7.1.4 水景平面的引注

①水池铺装填充材料图例,并用文字注明。

不同铺装分隔线之间填充合适的铺装材料图例,如花岗岩、马赛克等,让人一目了然所铺的材料(图7.3)。

②标示水景元素(如水面、花池、灯柱、景墙等)的名称、比例等。

③索引。放大平面、剖面图和详图索引,如图7.2所示。索引符号如果是剖面图索引,应在

7.2 水景立面图

水景设计中立面图(图7.4—图7.6)要表达处不多,一般有树池、水景墙、栏杆等立面,或者立面铺装较丰富,也需立面图表达。

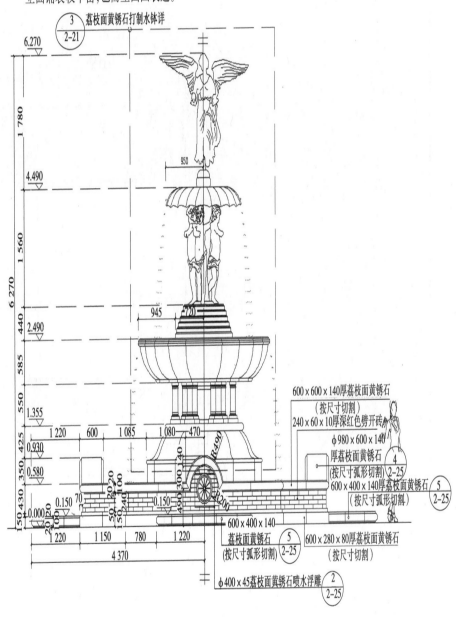

图7.4 水池立面图

①标注完成面绝对标高。

②标注竖向尺寸,细部尺寸,总高度。

③平面图上表达不清的图线和尺寸。

④立面铺装材料名称规格。

⑤平面图上无法剖到的剖面详图索引。

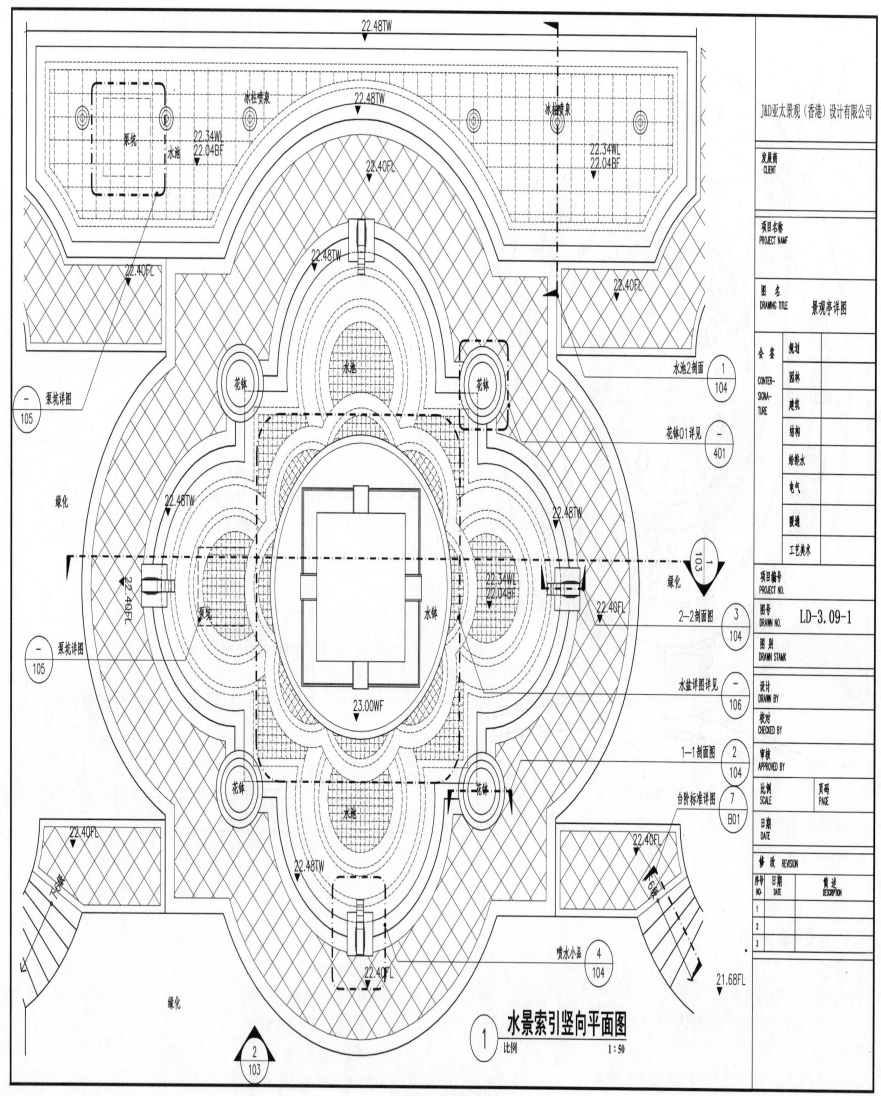

图7.2 水景索引竖向平面图

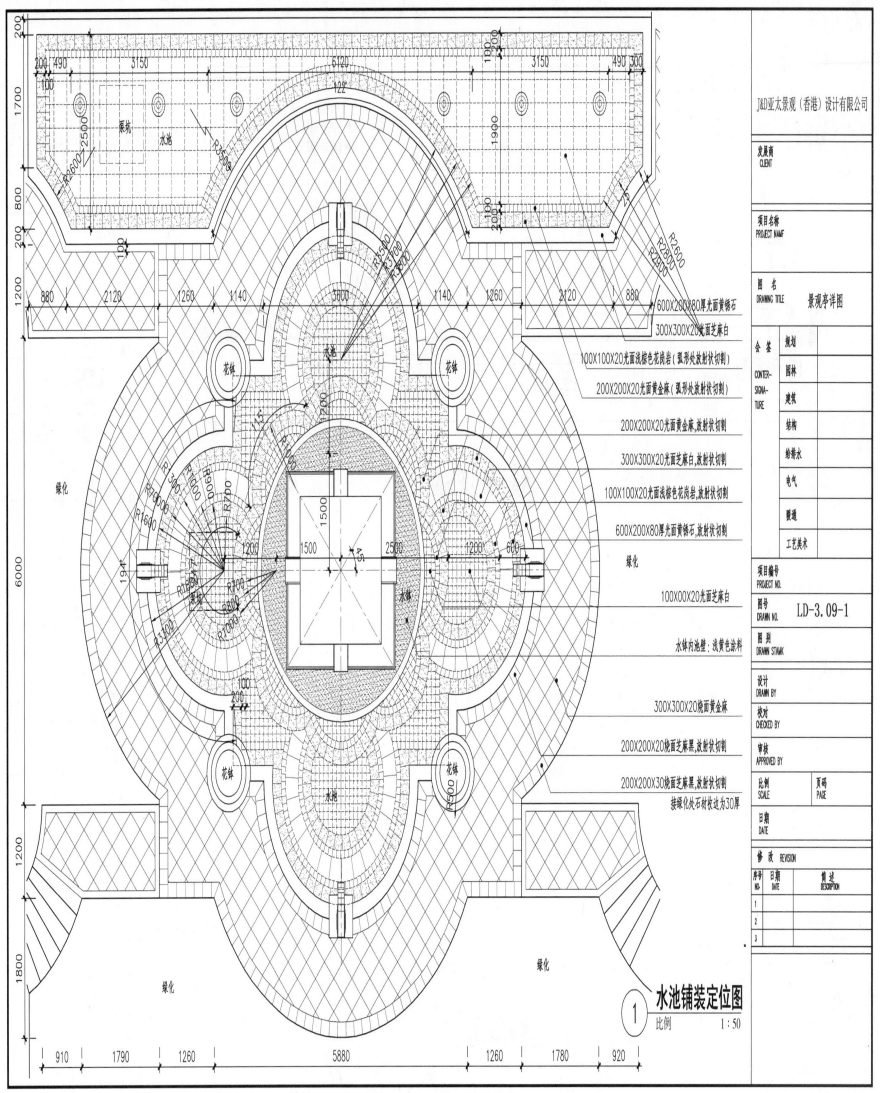

水池铺装定位图内文字：

泵坑

水池

花钵

水池

绿化

花钵

水钵

绿化

绿化

花钵

花钵

水池

绿化

绿化

600X200X80厚光面黄锈石

300X300X20光面芝麻白

100X100X20光面浅棕色花岗岩（弧形处放射状切割）

200X200X20光面黄金麻（弧形处放射状切割）

200X200X20光面黄金麻,放射状切割

300X300X20光面芝麻白,放射状切割

100X100X20光面浅棕色花岗岩,放射状切割

600X200X80厚光面黄锈石,放射状切割

100X00X20光面芝麻白

水钵内池壁：浅黄色涂料

300X300X20烧面黄金麻

200X200X20烧面芝麻黑,放射状切割

200X200X30烧面芝麻黑,放射状切割
接绿化处石材收边为30厚

① **水池铺装定位图**
比例   1:50

J&D亚太景观（香港）设计有限公司

发展商 CLIENT	
项目名称 PROJECT NAME	
图名 DRAWING TITLE	景观亭详图

会签 CONTER-SIGNA-TURE	规划	
	园林	
	建筑	
	结构	
	给排水	
	电气	
	暖通	
	工艺美术	

项目编号 PROJECT NO.	
图号 DRAWN NO.	LD-3.09-1
图别 DRAWN STAMK	
设计 DRAWN BY	
校对 CHECKED BY	
审核 APPROVED BY	
比例 SCALE	页码 PAGE
日期 DATE	

修改 REVISION		
序号 NO.	日期 DATE	简述 DESCRIPTION
1		
2		
3		

图7.3 水池铺装定位图

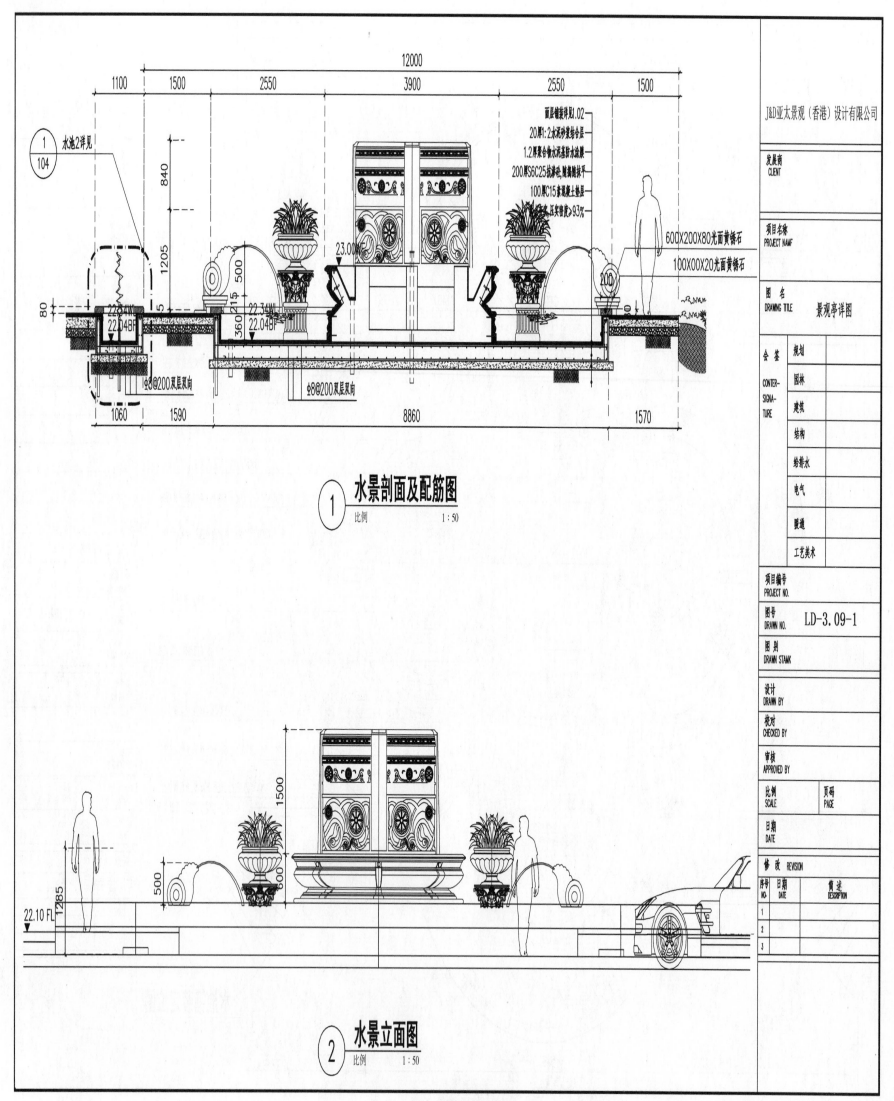

J&D亚太景观（香港）设计有限公司

图7.5　水景剖面及立面图

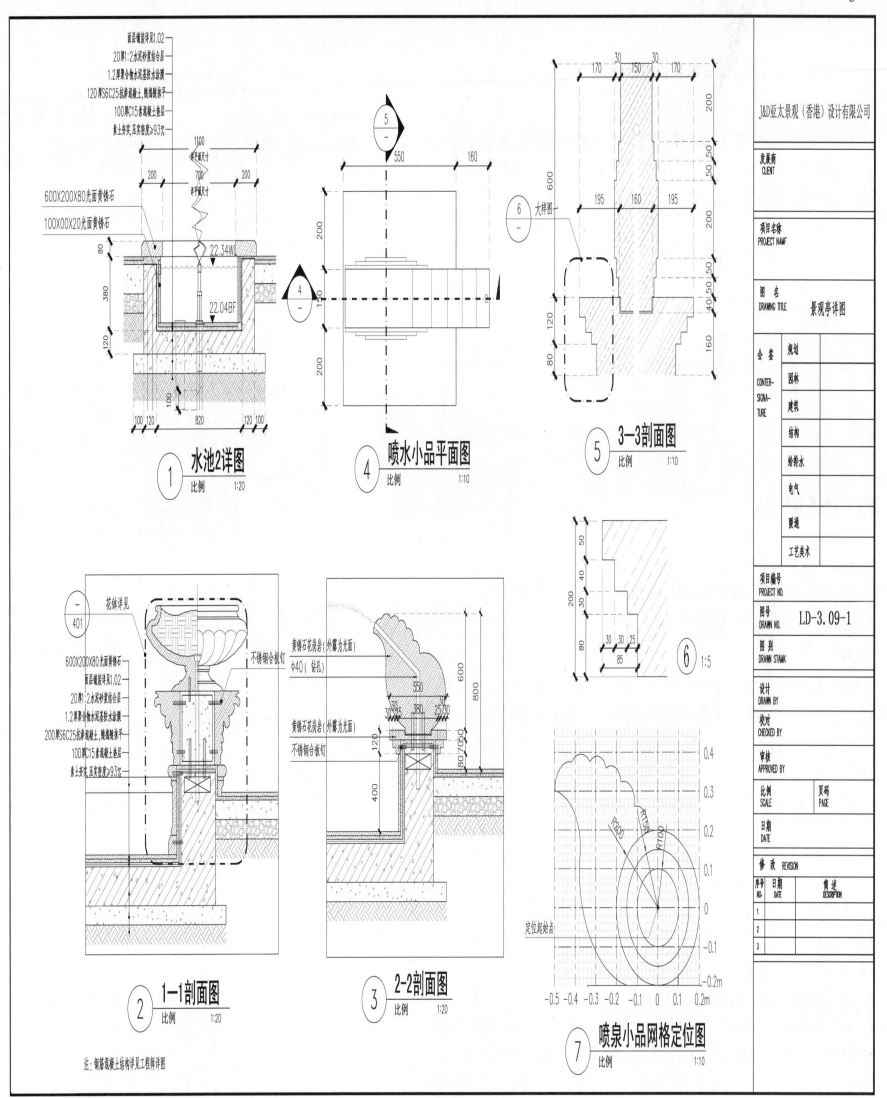

面层镶贴详见J.02
20厚1:2水泥砂浆结合层
1.2厚聚合物水泥基防水涂膜
120厚S6C25抗渗混凝土,随捣随抹平
100厚C15素混凝土垫层
素土夯实,压实密度≥93%

600X200X80光面黄锈石
100X00X20光面黄锈石

22.34WL
22.04BF

① 水池2详图 比例 1:20

④ 喷水小品平面图 比例 1:10

⑤
—
550 160

⑥ 大样图

⑤ 3—3剖面图 比例 1:10

⑥ 1:5

花钵详见
—
401

600X200X80光面黄锈石
面层镶贴详见J.02
20厚1:2水泥砂浆结合层
1.2厚聚合物水泥基防水涂膜
200厚S6C25抗渗混凝土,随捣随抹平
100厚C15素混凝土垫层
素土夯实,压实密度≥93%

不锈钢合板钉

② 1—1剖面图 比例 1:20

黄锈石花岗岩(外露为光面)
Φ40(钻孔)

黄锈石花岗岩(外露为光面)
不锈钢合板钉

③ 2—2剖面图 比例 1:20

定位起始点
R200
R1100
R1100

⑦ 喷泉小品网格定位图 比例 1:10

注:钢筋混凝土结构详见工程师详图

J&D亚太景观(香港)设计有限公司

发展商 CLIENT

项目名称 PROJECT NAME

图 名 DRAWING TITLE 景观亭详图

会 签 CONTER-SIGNA-TURE	规划	
	园林	
	建筑	
	结构	
	给排水	
	电气	
	暖通	
	工艺美术	

项目编号 PROJECT NO.

图号 DRAWN NO. **LD-3.09-1**

图 别 DRAWN STAMK

设计 DRAWN BY

校对 CHECKED BY

审核 APPROVED BY

比例 SCALE	页码 PAGE

日期 DATE

修改 REVISION

序号 NO	日期 DATE	简述 DESCRIPTION
1		
2		
3		

图7.6 水景详图

7.3　水景详图设计

水景详图(图7.6)主要表现池岸、池底结构、表层(防护层)、防水层的施工做法,池底铺砌及驳岸的断面形状、结构、材料和施工方法和要求,池岸与山石、绿地、树木结合部的做法等。水景详图多以局部剖面图的形式来表现。

①水景详图的比例多为1:20的剖面详图,完整的大剖面仅1~2个,大剖面是为了表达水景整体的竖向上的相对关系,以及协调内部构造做法。

②用粗实线表达剖切到的实体的断面,用细实线表达看到的实体边线。

③标注完成面绝对标高。

④分层构造,用文字说明或图例说明。

⑤垂直方向的尺寸和绝对标高,完成面绝对标高。

⑥详图索引符号。

⑦图名和比例。

7.3.1　常见水景详图

水景详图(图7.6)多数通过节点详图来表达水景项目的某一节点的构造、尺寸、做法、材料、施工要求等。常见的有驳岸、护坡、水池池壁、供水管、补给水管、泄水管、溢水管及沉泥池、照明的做法等,一般多为大比例的剖面详图或平面图。

1)驳岸

驳岸是在园林水体边缘与陆地交界处,为稳定岸壁,保护湖岸不被冲刷或水淹所设置的构筑物。园林驳岸也是园景的组成部分。在古典园林中,驳岸住往用自然山石砌筑,与假山、置石、花木相结合,共同组成园景。驳岸必须结合所在具体环境的艺术风格、地形地貌、地质条件、材料特性、种植特色以及施工方法、技术经济要求来选择其建筑结构形式,在实用、经济的前提下注意外形的美观,使其与周围景色相协调。驳岸在园林景观中根据其断面形状,可以分为整形式和自然式驳岸两种。根据其施工材料结构主要有钢筋混凝土驳岸、毛石驳岸、生态驳岸。

(1)钢筋混凝土驳岸　钢筋混凝土驳岸(图7.7(a))多为垂直式驳岸,多与滨水建筑、建筑小品结合使用。主要由灰土、C15混凝土、钢筋等材料构成。

(2)块石类驳岸　在天然地基上直接砌筑的驳岸(图7.7(b)),埋没深度不大,但是基址坚实稳固。如块石驳岸中的虎皮石驳岸、条石驳岸、假山石驳岸等。此类驳岸的选择应根据基址条件和水景项目的实际要求进行确定。

(3)生态类驳岸　是指恢复自然河岸"可渗透性的"人工的滨水驳岸(图7.8),是对生态系统的认知和保护生物的多样性的延续,而采取的以生态为基础、安全为导向的工程方法,来减少对河流自然环境的破坏。生态驳岸的结构主要有混凝土构件、干砌块石、木桩、土工布垄袋等。

2)护坡

当湖岸坡度不大但土壤疏松时,如不采取驳岸的形式,则可采取护坡形式对湖岸进行保护,

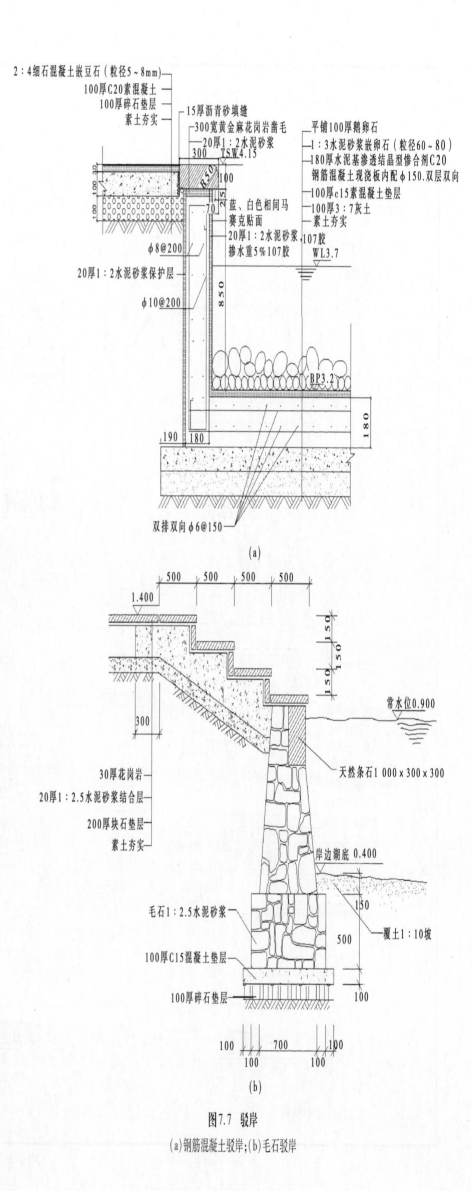

图7.7　驳岸

(a)钢筋混凝土驳岸;(b)毛石驳岸

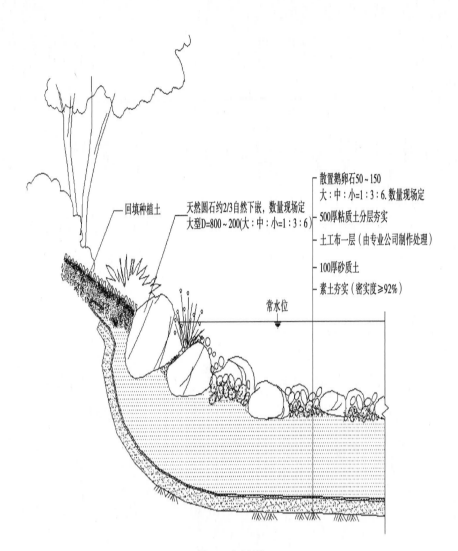

散置鹅卵石50~150
大:中:小=1:3:6,数量现场定
天然圆石约2/3自然下嵌,数量现场定
大型D=800~200(大:中:小=1:3:6)
500厚粘质土分层夯实
土工布一层(由专业公司制作处理)
100厚砂质土
素土夯实(密实度≥92%)
常水位
回填种植土

图7.8　生态驳岸

主要是防止滑坡现象发生,减少地表水和风浪的冲刷,以保证湖岸斜坡的稳定。常见的护坡设计有铺石护坡、灌木护坡、草皮护坡。

(1)铺石护坡　当坡岸较陡,风浪较大或因造景需要时,可采用铺石护坡,如图7.9所示。铺石护坡由于施工容易,抗冲刷能力强,经久耐用,护岸效果好,还能因地造景,灵活随意,是园林常见的护坡形式。

(2)灌木护坡　灌木护坡如图7.10所示。

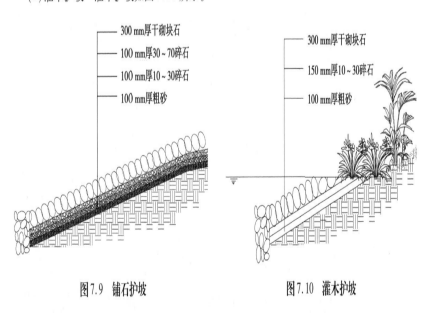

300 mm厚干砌块石
100 mm厚30~70碎石
100 mm厚10~30碎石
100 mm厚粗砂

图7.9　铺石护坡

300 mm厚干砌块石
150 mm厚10~30碎石
100 mm厚粗砂

图7.10　灌木护坡

(3)草皮护坡　适用于坡度为1:20~1:50的湖岸缓坡。护坡草种要求耐水湿,根系发达,生长快,生命力强,如假俭草、狗牙草等。

3)水池

喷水池主要由基础、防水层材料、池底、池壁、压顶等结构组成(图7.11)。

(1)基础　是水池的承重部分,由灰土和混凝土层组成。基础底部素土夯实(密实度≥85%);灰土层厚300 mm(3份石灰、7份中性黏土);100~150 mm厚C15混凝土垫层。

防水层材料有沥青材料、防水卷材、防水涂料、防水嵌缝油膏、防水剂和注浆材料。

(2)池底　钢筋混凝土池底(图7.12),厚度大于200 mm;如果水池容积过大,要配双层钢筋网;每隔20 m在最小断面处设变形缝(伸缩缝、防震缝)。

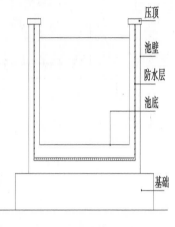

压顶
池壁
防水层
池底
基础

图7.11　水池结构示意图

(3)池壁　是水池的竖向部分,承受池水的水平压力,水越深容积越大,压力也越大,压顶有结构加固的作用(图7.13)。池壁一般有砖砌池壁[图7.14(a)]、块石池壁[图7.14(b)]和钢筋混凝土池壁(图7.12)3种。砖砌池壁采用标准砖、M7.5水泥砂浆砌筑,壁厚≥240 mm。混凝土池壁现浇C20混凝土,配$\phi 8$、$\phi 12$钢筋,壁厚多为200 mm。

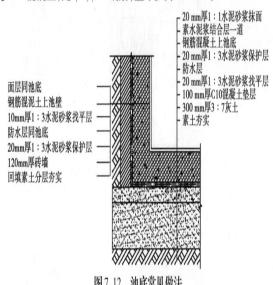

20 mm厚1:1水泥砂浆抹面
素水泥浆结合层一道
钢筋混凝土池底
20 mm厚1:3水泥砂浆保护层
防水层
20 mm厚1:3水泥砂浆找平层
100 mm厚C10混凝土垫层
300 mm厚3:7灰土
素土夯实

面层同池底
钢筋混凝土池壁
10 mm厚1:3水泥砂浆找平层
防水层同池底
20 mm厚1:3水泥砂浆保护层
120 mm厚砖墙
回填素土分层夯实

图7.12　池底常见做法

$\phi 6@200$
$4\phi 6$

150
250~300
常水位
150

20 mm厚水泥砂浆找平层
120 mm厚砖墙
20 mm厚1:3水泥砂浆找平层
防水层
10 mm厚1:3水泥砂浆找平层
钢筋混凝土池壁
20 mm厚1:3水泥砂浆抹面

120   30   B

图7.13　池壁及压顶做法

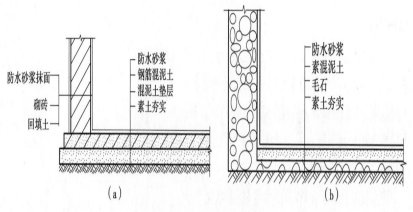

图7.14　池壁常见做法

(a)砖砌池壁;(b)块石池壁

7.3.2　水景设备标准详图

①水底灯设计详图如图7.15所示。

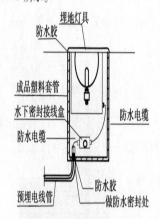

图7.15　水底灯设计详图

②给排水阀门井设计详图如图7.16所示。

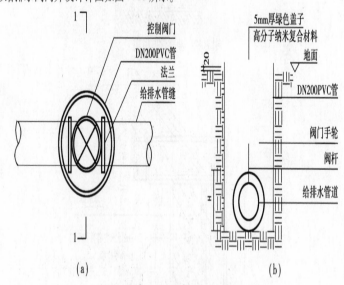

(a)　　　　　　　　　(b)

图7.16　给排水阀门井设计详图

(a)给排水阀门井平面图;(b)1-1剖面

③水泵井如图7.17所示。

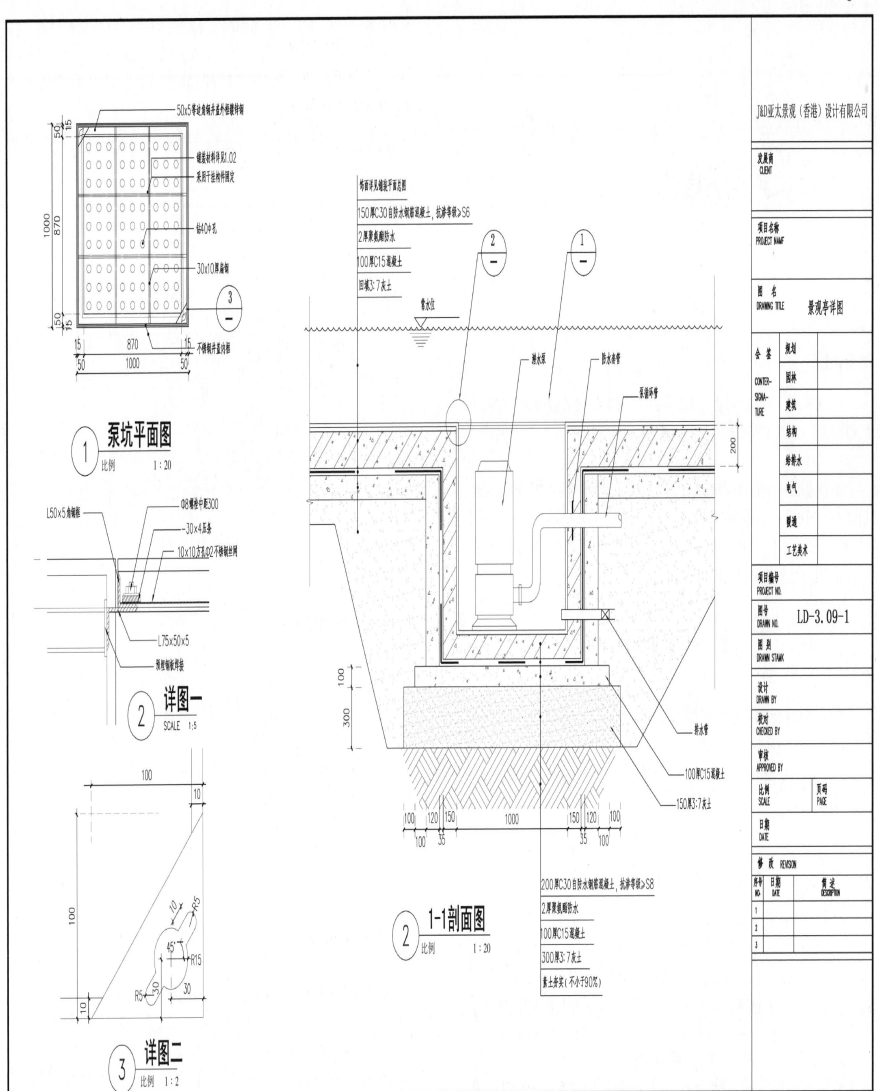

泵坑平面图
① 比例   1:20

详图一
② SCALE   1:5

详图二
③ 比例   1:2

1-1剖面图
② 比例   1:20

J&D亚太景观（香港）设计有限公司

图7.17 水泵坑详图

8 铺装设计

【本章导读】

铺装是园林硬质景观中面积最大、细节最多的部分。学习本章要注意掌握材料种类及规格、常规构造做法、施工工艺等,绘图时注意把控细节。

园林铺地是指园林中除道路以外供人流集散、休闲娱乐、车辆停放等功能的硬质铺装地。对于大多数景观项目来说,铺装都是基本要素之一,不管项目大小、私人抑或公共,铺装除了具有功能性,还包含了艺术性和美感。在一些项目中,铺装设计比较简单实用,以突出其他更重要的元素;而在另一些项目中,铺装则是主角。

8.1 铺装平面图

根据表达的范围和比例大小,铺装平面图设计一般分为铺装总平面图(图4.16)、局部铺装平面图(图8.1)及铺装放大平面图(图8.2)3个层次。

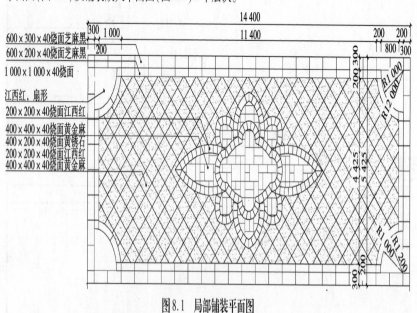

图8.1 局部铺装平面图

铺装总平面图主要反映园林总体铺装纹样和肌理,其比例一般同总平面图,如1:400～1:200

等(具体要求见4.3.5小节)。对于铺装设计较为简单的园路或局部区域,铺装总平面图可表达明白,则不用放大作铺装平面图;而对于广场、特色铺装等,则需要放大为局部铺装平面图(图8.1),比例为1:200或1:100,如果广场局部还有肌理丰富的铺装设计,则细节还需进一步放大,其比例一般为1:50,1:20等。

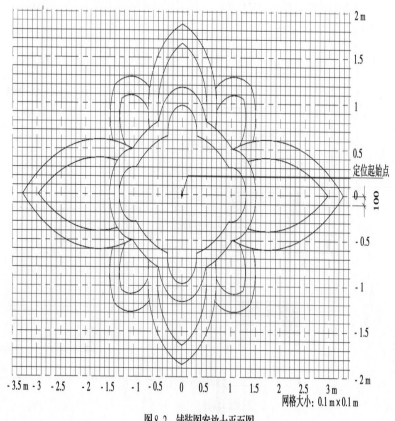

图8.2 铺装图案放大平面图

8.1.1 铺装平面尺寸标注

首先根据设计的构想进行地面铺贴设计,地面铺贴设计必须综合考虑设计形式、材料规格、施工工艺、投资的经济性等各方面因素;确定铺贴的定位线和尺寸,也就是说一个铺贴空间里面,基准在哪里,哪一组是调节尺寸,哪些是固定尺寸,原则上每一个铺贴空间都应该留有调节尺寸。当所有这些都清晰后,就要在图上先绘制定位基准线(图8.2与现场施工放线相同),然后根据铺贴材料规格按比例绘出分格线。通常在方案扩初阶段材料填充图案不一定会按材料规格填充,在施工图阶段首先要重新绘制铺装分格线。

如果图案简单而有规律,只要画出一部分,即可让人了解地面全貌,如道路铺装(图8.3)。

8.1.2 铺装材料引注

铺装平面图表达铺装材料的肌理、色彩、规格等,以引出线配合文字来说明,一般对块状材料的说明文字排列是"规格+色彩+肌理+材料名称+施工工艺",如"300×150×30灰色烧面花岗岩人字铺",规格是指"长度×宽度×厚度";粒状材料(如卵石)文字说明可以用"D20～35白色鹅卵石横铺";整体路面说明为"颜色+材料+施工工艺",如"黄色仿古混凝土路面,图案如图"。所有材料均需说明,不要漏标材料(图8.1)。

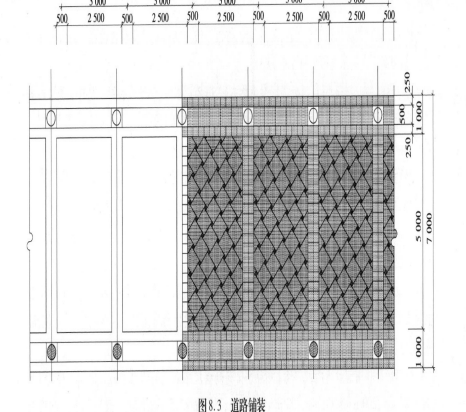

图8.3 道路铺装

同一种材料填充相同的图例,尽量按照设计规格填充,尤其是圆弧形收边线按设计的规格填充,可以检查所设计的规格是否便于施工和完成的效果。

8.1.3 园林常用铺装材料

1)花岗岩材料

常用规格为300 mm×300 mm,400 mm×200 mm,500 mm×250 mm(500 mm),600 mm×300 mm,600 mm×600 mm;可使用的规格为100 mm×100 mm,200 mm×200 mm,300 mm×200 mm。原则上花岗岩可以订制或者现场切割成任何规格,但会造成成本的增加和人工的浪费,因此在无特殊铺装设计要求的情况下,不建议使用(做圆弧状铺装除外)。

当作为碎拼使用时,一般使用规格为边长300~500 mm,设计者可以要求做成自然接缝,或者要求做成冰裂形式的直边接缝。

当作为汀步时,一般使用规格为600 mm×300 mm,800 mm×400 mm,或者为边长300~800 mm的不规则花岗岩,厚度为50~60 mm,面层下不做基础,直接放置于绿地内。

花岗岩厚度在一般情况下,人行路为20~30 mm,车行路为40 mm以上。可以借鉴万科景观设计标准中对花岗岩厚度要求(表8.1)。

表8.1 万科室外花岗岩应用部位及厚度标准

部 位	厚度/mm	备 注
地面	20	规格:室外地面400×400以下
广场	20,30	上车广场采用40
道路	小车40,人行道20	高档楼盘台阶用100整块条石
台阶	踏面30,踢面15	用于花池、游泳池、室外景观楼梯
汀步	外露汀步50,隐蔽汀步30	

花岗石常用颜色为浅灰色、深灰色、黄色、红色、绿色、黑色、金锈石;常用的颜色与市场中相对应的花岗岩名称如下:

浅灰色——芝麻白。

深灰色——芝麻灰。

黄色——黄金麻。

红色——五莲红(浅色)、樱花红(浅色)、中国红(深色)。

绿色——宝兴绿、万年青。

黑色——中国黑、丰镇黑、芝麻黑。

室外花岗岩材料面层肌理统一叫法:发光面、亚光面、烧面、机切面、拉丝面、凿面、荔枝面、自然面、蘑菇面。面材粗糙程度递增,烧面以后面材没有光度,属于粗面。

发光面:是指对经过机切后的花岗岩进行机器打磨后的面层质感,表面非常的平滑,高度磨光,有镜面效果,有高光泽,在雨天和雪天会致使行人滑到,因此在设计时,这种花岗岩铺装面积及宽度都不宜过大,一般不建议使用。

亚光面:是在机切面的基础上用磨片打磨加工完成的,根据不同要求亚光程度也不同。表面平滑,但是低度磨光,产生漫反射,无光泽,不产生镜面效果,无光污染。防滑性能差,可小面积度使用。

烧面:指对机切面的花岗岩高温加热之后快速冷却,形成较规则的凹凸面层,此面层的颜色会比其他几种面层的颜色稍浅;黄色花岗岩经过烧毛处理后颜色会偏红。

机切面:直接由圆盘锯砂锯或桥切机等设备切割成形,表面较粗糙,带有明显的机切纹路。

拉丝面:是很细的直纹,黑色花岗石拉丝处理后是灰色。

凿面:是指对机切面的花岗岩开凿处理后形成较不规则的凹凸面层,常用于黄色花岗岩的毛面处理。也可以对抛光的花岗岩进行凿毛处理。

荔枝面:表面粗糙,凹凸不平,是用凿子在表面上密密麻麻地凿出小洞,有模仿水滴经年累月地滴在石头上的一种效果。

自然面:指花岗岩经开采后所形成的自然形态,铺装时面层稍微经过加工,去除尖角,其他面为机切面,铺设完成后走在上面有明显的感觉。

蘑菇面:一般是用人工劈凿,效果和自然劈相似,但是石材的天面却是呈中间突起四周凹陷的高原状的形状。由于难清洁,一般建议作为地面铺装材料。

每块花岗岩铺装之间可以设计留缝宽度,一般图纸中不注明留缝宽度时,表示留缝宽度为3~5 mm;设计者可以根据铺装效果要求特殊的留缝宽度,常用的宽度为6 mm,或者密缝(留缝1 mm,对施工工艺要求较高)。

常用的铺装方式为错缝(分对中及不对中两种)、齐缝、席纹、人字形、碎拼;机刨面花岗岩采用不同方向的铺装时,会产生表面纹路的变化。

2)陶砖

人行道铺地、楼梯踢面20 mm,踏面30 mm,车行道40 mm。

3)文化石

人行道铺地、景墙压顶(经济型)、墙面、花池贴面30 mm。

4) 石板、料石

由于石板类质地较脆,因此,一般情况下不使用大规格。石板订制或者现场切割成任何规格。石板作为铺地材料时不建议使用200以下规格。常用规格为200 mm×100 mm,200 mm×200 mm,300 mm×150 mm,300 mm×300 mm,400 mm×200 mm,400 mm×400 mm。当作为碎拼使用时,一般使用规格为边长300~500 mm,设计者可以要求做成自然接缝。当作为汀步时,一般使用规格为600 mm×300 mm,800 mm×400 mm,或者为边长300~800 mm的不规则石板,厚度为50~60 mm,面层下不做基础,直接放置于绿地内。厚度在一般情况下,人行路为20 mm以上,车行路为50 mm以上。

整形石板铺装之间留缝宽度一般为10 mm;碎拼时留缝宽度为10~30 mm,设计者可以根据铺装效果要求特殊的留缝宽度,碎拼时留缝宽度不宜大于50 mm。常用的铺装方式:整形石板为错缝(分对中及不对中两种),齐缝,席纹,人字形;不规则形状为碎拼。

料石用于台阶长度600 mm,宽度同踏面宽,厚度一般同踏步高,不小于50 mm;铺设道路、广场时厚度不小于30 mm。

5) 木材

不同厂家生产的防腐木规格不一样,因此设计者的规格一般为指导性规格。若龙骨间距为800~1 000 mm,木板30 mm厚;若龙骨间距为600~700 mm,木板20 mm厚。木板宽度均为100~150 mm。防腐木的长度不建议过长,根据实际铺地中龙骨的间距确定,一般为龙骨间距的整倍数。

天然防腐木木材颜色为木本色,人工防腐木一般为浅绿色,施工前需要用清漆或桐油将木材颜色调成木本色,或其他设计要求的颜色。

常用的铺装方式为齐缝,错缝(分对中或不对中两种);也可设计成其他有变化的铺装样式,比如每隔一段距离改变木板的铺设角度。木板之间的留缝大小为95 mm的木板留缝5 mm;宽度140 mm的木板留缝10 mm。

6) 卵石

分为天然河卵石和机制卵石。天然河卵石颜色比较杂乱,大部分为灰色系;机制卵石颜色比较单一,一般有黑色、灰色、白色、红色和黄色。天然河卵石面层质感粗糙;机制卵石面层光滑。

常用规格为小粒径φ10~30 mm,中粒径φ30~50 mm,万科铺贴卵石规定为40~80 mm,如特殊需要,可以使用大规格卵石,如水池底散置鹅卵石φ60~120 mm,但不宜超过φ200 mm。

卵石间的留缝宽度一般在20~30 mm,留缝宽度不宜超过卵石本身的粒径。常用的铺装方式可分为平砌、立砌和散置,并且可以设计图案拼花铺装(单色或者多色)。人对卵石铺装的感觉比较明显,不利于高跟鞋的行走,常常采用卵石立砌的方式设计健身步道(规格为φ30~50 mm的卵石)。

7) 砖

青砖规格为240 mm×120 mm×60 mm,颜色为青色。

水泥砖是水泥和染色剂混合预制而成。面层质感较粗糙,有较细的孔眼。常用规格为200 mm×100 mm,400 mm×200 mm,也可以使用200 mm×200 mm;300 mm×150 mm,300 mm×300 mm。厚度一般为60 mm厚,也有50 mm厚。常用颜色为浅灰色、深灰色、黄色、红色、棕色、咖

啡色等。

植草砖是预留种植孔的水泥砖,规格多样,厚度一般为80 mm,为保证种植孔中的植物(草)成活,嵌草砖不用水泥砂浆和混凝土垫层。

透水砖按照原材料不同,可分为混凝土透水砖、陶质透水砖、全瓷透水砖。混凝土透水砖面层质感较粗糙,有较大的孔眼(与水泥砖相比);陶质透水砖和全瓷透水砖面层细腻,颗粒均匀。为了保证利于雨水渗透,透水砖铺装基础不能使用混凝土垫层。

混凝土透水砖常用规格为200 mm×100 mm,300 mm×150 mm,230 mm×115 mm;陶质透水砖常用规格为200 mm×100 mm,200 mm×200 mm;全瓷透水砖常用规格为200 mm×100 mm,200 mm×200 mm,250 mm×250 mm,300 mm×300 mm。原则上透水砖可以根据设计要求订制成任何规格。常用厚度为50mm。

混凝土透水砖常用颜色为浅灰色、中灰色、深灰色、红色、黄色、咖啡色;陶质透水砖常用颜色为浅灰色、深灰色、铁红色、沙黄色、浅蓝色、绿色;全瓷透水砖常用颜色为浅灰色、深灰色、红色、黄色、浅蓝色。

烧结砖是利用建筑废渣或岩土、页岩等材料高温烧结而成的非黏土砖。常用规格为100 mm×100 mm,200 mm×200 mm,200 mm×100 mm,230 mm×115 mm,厚度一般为50 mm,也有的厂家产品为40~70 mm。常用的颜色为深灰色、浅咖啡色、深咖啡色、黄色、红色、棕色等。

8) 塑料植草格

植草板(格)为聚乙烯结合高抗冲击原料制成,通常用于停车场、隐形消防车道。植草板规格根据植孔的大小确定,厚度一般为30~40 mm。颜色一般为绿色。为保证种植孔中的植物(草)成活,植草板不是用水泥砂浆和混凝土垫层。

9) 树脂地坪

用于广场、道路、人行地面,厚度为10 mm。

10) 橡胶垫

常用于儿童游戏区、老人活动区和健身器械摆放区。厚度一般为30~40 mm,不小于25 mm。分为现浇和成品铺设两种施工方式。颜色多样,若为现浇,可铺设成彩色,图案丰富的场地。

8.2 铺装断面图

8.2.1 铺装的典型结构

从上到下分为面层、结合层、基层、垫层和路基(图8.4)。

(1)面层 面层是地面的最上层,直接与人或车接触,直接接受外在的影响和破坏,面层的选择特别重要。面层材料必须坚固、平稳、耐磨并有一定的粗糙度,以便人车通行、养护和通行。面层材料众多,一般有片块状材料拼铺和现浇整体材料两类。片块状材料有各类砖、切割的石材板块等;现浇整体材料有水洗石、水磨石、混凝土、沥青等。

(2)结合层 采用块料面层时,在面层与基层之间的一层,用于结合、找平、排水。结合层

可用水泥干砂、净干砂与混和砂浆等。

(3)基层　在路基之上,它一方面承受面层传下来的荷载,另一方面要将荷载传给路基。因此,它要有一定的强度,一般用碎(砾)石、灰土或各种矿物废渣等筑成,机动车道多用100 mm厚C10以上的混凝土。

(4)垫层　垫层位于基层之下土基之上。主要是隔水、排水、防冻、改善土基的水温状况、分散荷载从而减少土基变形等。垫层分刚性和柔性两类:刚性垫层一般是C7.5~C10的混凝土捣成,它适用于薄而大的整体面层和块状面层;柔性垫层一般是用各种散材料,如砂、炉渣、碎石、灰土等加以压实而成,它适用于较厚的块状面层。

(5)路基　路基是地面的基础,位于最下层。它是地面荷载的主要承担者,应有足够的强度和稳定性。一般黏土、砂性土经夯实后可直接做路基,对于未压实的回填土,经过雨水浸润能使其自身沉陷稳定,当其密度大于等于180 g/m³时可作路基。素土夯实,压实度不能小于90%。

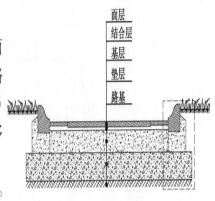

图8.4　铺装道路结构层

8.2.2　常见铺装断面大样

1)人行道路、广场

①常规做法(图8.5)。
②车库顶、架空层屋面(图8.6)。

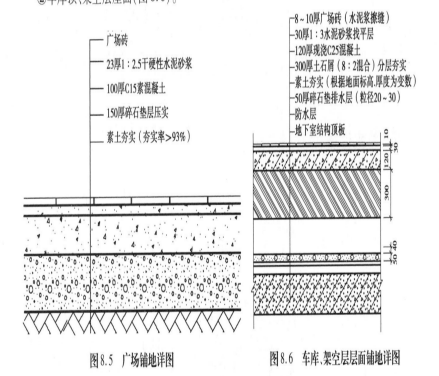

图8.5　广场铺地详图　　　　图8.6　车库、架空层层面铺地详图

③花岗岩、板岩、文化石、水泥砖、陶砖面层(图8.7)。

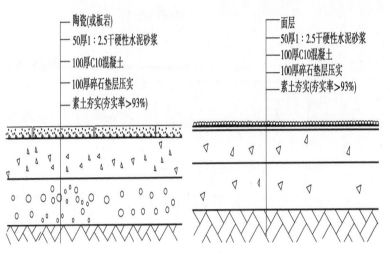

图8.7　陶砖(板岩)铺地详图　　　图8.8　卵石铺地详图

④鹅卵石、瓷砖面层(图8.8)。
⑤植草砖面层(图8.9)。
⑥橡胶垫面层(图8.10)。

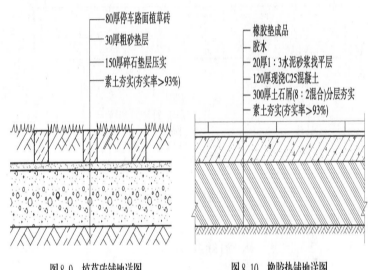

图8.9　植草砖铺地详图　　　　图8.10　橡胶垫铺地详图

2)车行道路

①沥青路面(图8.11)。
②混凝土路面(图8.12)。

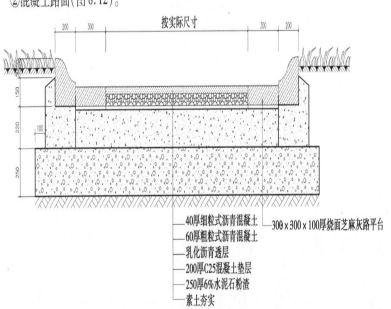

图8.11　沥青路铺地详图

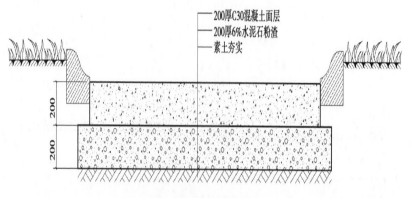

图8.12　混凝土路铺地详图

③花岗岩、水泥砖路面(图8.13)。

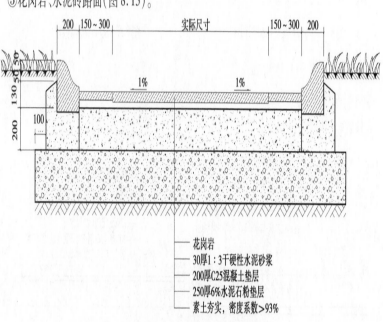

图8.13　花岗岩车行道铺地详图

④隐性消防车道(图8.14)。

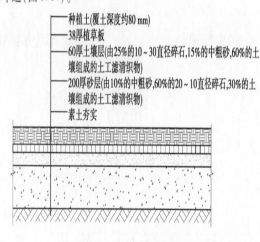

图8.14　隐性消防车道详图

8.3　铺装附属工程

8.3.1　道　牙

道牙有平道牙和立道牙(图8.15),它们安置在路两侧,使路面与路肩在高程上起衔接作用,并能保护路面。道牙可用砖、石、混凝土等材料做成,也可用瓦等材料。

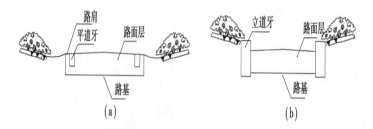

图8.15　道牙

(a)平道牙;(b)立道牙

砖道牙一般侧砌,用于人行小道(图8.16)。石、混凝土道牙常用规格立道牙(图8.17)为500 mm×100 mm(150 mm)×300 mm,平道牙为500 mm×100 mm×200 mm。人行小道上也可用500 mm×60 mm×200 mm。原则上道牙可以根据设计要求订制成任何规格。混凝土道牙常用颜色为灰色系;花岗岩道牙常用颜色同花岗岩地面。

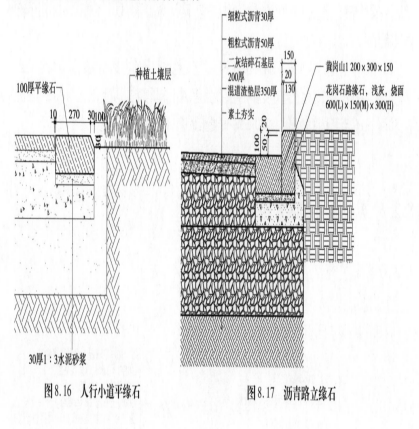

图8.16　人行小道平缘石　　　图8.17　沥青路立缘石

8.3.2　排水设施

排水沟(图8.18)和雨水井(图8.19)是为收集路面雨水设置的,常以砖块或混凝土砌成。

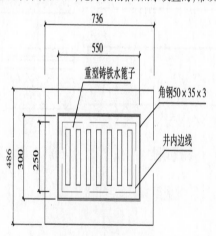

图8.18　排水沟盖板平面图

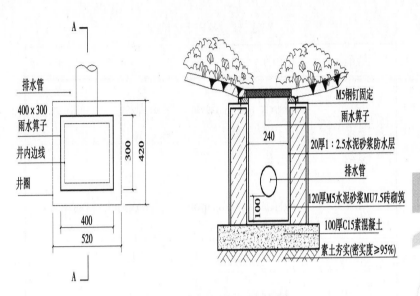

图8.19 雨水井绿地区域平面图、剖面图

8.3.3 台阶与坡道

当路面坡度超过12%时,人行道必须设台阶以方便行走,台阶的宽度与路面相同,每级踏步的宽度为300~380 mm,踏步高度为120~170 mm。台阶最多每18级必须增设一层平台,以便行人休息。

可采用毛面高档花岗岩、当地面砖或混凝土台阶,纵坡<7%,横坡≤2%。无障碍通行宽度1.2 m,宜有台阶灯照明。

在坡度较大的地段上,一般坡度超过15%时,为了增加摩擦力方便通行车辆,将本应做台阶的地方改做礓礤,即锯齿形坡道,如图8.20所示。

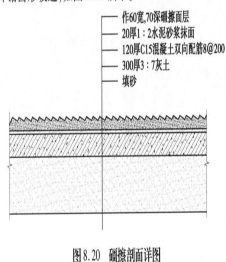

图8.20 礓礤剖面详图

9 植物种植设计

【本章导读】

种植设计通常在施工图阶段完成,需要综合考虑植物生理、地形空间、建筑采光、综合管网等因素,还须满足绿化覆盖率、乔灌比等技术指标,同时还是控制造价的重要因素。因标注内容多,学习本章应注意标识的有序性。

9.1 种植要求

1)功能要求

绿地是居民户外活动的主要场所,要留有一定面积的活动地,而且每块活动场地的服务范围应均衡。植物种植要考虑建筑本身通风采光防西晒的要求,以及与建筑、地上、地下管线的距离要求。

2)生态要求

园林植物配置就要遵循植物生长的自身规律及对环境条件的要求,因地制宜,合理科学配置,使各类植物喜阳耐阴,喜湿耐旱,各重其所。乔木、灌木、地被、攀援、岩生、水生,以及常绿、落叶、草本等植物共生共存。简而言之,就是人们常说的"师法自然"。

3)美学要求

植物种植风格与建筑风格统一。如地中海官邸风格,重点区域宜考虑采用热带植物,强调坡度变化,道路宜屈曲回环,高低起伏。植被宜疏密相间,开阖有序。地中海田园风格要多小尺度景观,形成多重垂直绿化,绿量较大,较小间距下不感觉到压抑。宜采用同纬度气候区域常用植物,讲究高大乔木与其他植物的搭配效果。通过陶罐、小块砖石材铺路、木质花架等营造气氛。

由于树木的高低、树冠的大小、树型的姿态和色彩四季的不同,植物本身的生机使绿地空间富于变化,给游客带来不同的美的享受。植物配置应多选用开花乔木,且要考虑植物的季相变化,做到四季有景、三季有花。

表9.1 树穴直径与土球大小规定

土球直径/cm	20	30	40	50
树穴直径/cm (面直径×底直径×深)	40×30×30	50×40×40	60×50×50	80×60×60
土球直径/cm	60	70	80	90
树穴直径/cm (面直径×底直径×深)	90×70×70	100×80×80	110×90×90	120×100×100
土球直径/cm	100	110	120	
树穴直径/cm (面直径×底直径×深)	130×110×110	140×120×120	150×130×130	

9.2 植物种植说明、苗木表

9.2.1 植物种植说明

1)总种植要点

①严格按苗木表规格购苗,应选择枝干健壮,形体完美的苗木,大苗移植尽量减少截枝量,严禁出现没枝的单干草木,乔木分枝点不少于4个。树型特殊的树种,如木棉、小叶橄仁等,分枝必须有4层以上。

②规则式种植的乔灌木,同一树种规格大小应统一。丛植和群植乔灌木应高低错落。

③分层种植的花带,植物带边缘轮廓种植密度应大于规定密度,平面线型应流畅,边缘成弧形。高低层次分明,且与周边点缀植物高差不少于30 cm。

④弧植树应树形姿态优美、奇特、耐看。

⑤整形装饰篱苗木规格大小应一致,修剪整形的观赏面为圆滑曲线弧形,起伏有致。

⑥植后应每天浇水至少两次,集中养护管理。

⑦大苗移植严格按土球设计要求。

⑧草皮移植平整度误差≤1 cm。

⑨苗木表中所规定的冠幅,是指乔木修剪小枝后,大枝的分枝最低幅度或灌木的叶冠幅。而灌木的冠幅尺寸是指叶子丰满部分。只伸出外面的两、三个单枝不在冠幅所指之内,乔木也应尽量多留些枝叶。

⑩规格表上并未规定乔木高度,但要求乔木不能去掉主树梢。

2)苗木的土球与树穴的要求说明

①土壤要求:由于临近海边,防止土壤反碱,绿化面层最少有100 cm为良好土壤。即不含砂石、建筑垃圾,如果是回填土,不能是深层土。最好是疏松湿润、排水良好、富含有机质的肥沃冲积或黏壤土。pH值5.0~7.0较为理想。有种植池的铺装、人行道,在做铺装之前选换上80 cm,种植池内换土160 cm深。如果在土层薄,结构不良的石砾土、重砂土、黏质土中长势会弱,基肥不得采用目前深圳市面上油性很大的垃圾肥。

②挖树穴要正确:必须是坑壁垂直形。且要比根系球大出30 cm以上,并要加上20 cm厚有机肥,再覆以一薄园土后种植,使苗木今后苗壮成长,克服土壤贫瘠的缺点。

以下树穴均为错误:锅底形,上小下大形,上大下小形。

③树木土球计算为:普通苗木土球直径=2×树地径周长+树直径,大苗土球应加大,根据不同情况土球是胸径的7~10倍,土球厚度应是土球高度的2/3。

④树穴的直径随土球增大而递增,其具体尺寸见表9.1。

如果遇到土质不好,扩大穴规格统一为:灌木180 cm×60 cm×60 cm圆形穴,乔木120 cm×100 cm×80 cm方形穴,超大乔木扩大穴为160 cm×160 cm×160 cm。

⑤植物挖穴时注意事项:

a.位置正确。

b.规格要适当。

c.挖出的表土与底土分开堆放于穴边。

d.穴的上、下口应一致。

e.在斜坡上挖穴,应先将斜坡整成一个小平台,然后在平台上挖穴,挖穴的深度应从坡下口开始计算;在新填土方处挖穴,应将穴底适当踩实;土质不好的应加大穴的规格。

f.挖穴时遇上杂物要清走。

g.挖穴时发现电缆、管道等要停止操作,及时找有关部门配合解决。

h.挖穴时如遇上障碍物,应找设计人员协商。

3)做法说明

详见各图分示。

9.2.2 苗木表

苗木表也称为植物材料表,该表应列出乔木名称、图例、规格(胸径、冠幅、高度等)、数量(株数);灌木应列出名称、图例、规格(苗高)和数量(面积)等。

为了避免对植物俗称造成误解,植物名称还应列出其拉丁名称。

植物规格规定的是植物作为苗木种植时或采购时的大小,胸径、冠幅、高度以厘米为单位时,数字保留整数;当冠幅、高度以米为单位时,保留小数点后一位。

观花类植物应标明其花色。

表9.2　乔木表范例

序号 No.	图例	拉丁文 Latin Formal Name	中文名称 Tree Name	规格					备注 Notes
				枝下高/m Height	树高/m Height	胸径/cm Diamter	冠幅/m Spread	数量株 Total	
1		*Spathodea campanulata* Beauv.	火焰木	2.0~2.3	6.0~6.5	25~30	3.0~3.5	7	假植,全冠,树形饱满
2		*Koelreuteria bipinnata* Franch.	复羽叶栾树	—	5.5~6.0	25~30	3.5~4.0	4	全冠带骨架移植,树叶展开
3		*Elaeocarpus decipens* Hemsl.	杜英	2.0~2.3	7.0~10.0	18~20	4.0~4.5	14	假植,全冠,树形饱满
4		*Phoenix sylvestris*	银海枣	—	杆高5.0 自然高 6.0~6.5	地径 75~80	10片 完整 叶以上	6	假植,树形饱满
5		*Ficus benjamina* L.	花叶垂格柱	—	2.0~2.5	8~12	1.2~1.5	13	假植,柱状,树形饱满
6		*Plumeria rubra* L. cv. Acutifolia	红花鸡蛋花	—	2.0~2.5	10~12	2.5~3.0	16	假植
7		*abina chinensis*(L.) Ant.	福木	—	3.0~3.5	—	1.2~1.5	19	不要尖塔型,修剪成广卵形或是圆柱形

表9.3　灌木表范例

序号 No.	图例	拉丁文 Latin Formal Name	中文名称 Tree Name	规格		备注 Notes
				树高/m Height	冠幅/m Spread	数量株 Total
1		*Loropetalum Chinense* var. rubrum	红继木球	1.2	0.9~1.2	15	5分枝以上,修剪成球形
2		*Loropetalum Chinense* var. rubrum	小红继木	0.7~0.8	0.6~0.7	4	5分枝以上,修剪成球形
3		*Michelia figo*	含笑球	1.0~1.2	0.8~1.0	24	实心球,球形饱满
4		*Pittosporum tobira*	海桐球	1.2~1.5	1.0~1.5	12	实心球,球形饱满
5		*Ficus microcarpa* cv. GoldenLeaves	黄金榕	1.0~1.2	0.8~1.0	18	5分枝以上,修剪成球形
6		*Cycas revoluta* Thunb.	苏铁	0.9~1.0	1.0~1.5	19	造型饱满,叶片长80 cm以上
7		*Syzyglum hancei* Merr Et Perry	红车球	1.0~1.2	1.2~1.5	8	实心球,球形饱满
8		*Fagraea ceilanica*	非洲茉莉球	1.0~1.2	1.2~1.5	5	实心球,球形饱满
9		*Buxus sinica* Cheng subsp. sinica var. parvifolia M. Cheng	小叶黄杨球	0.8~1.0	0.8~1.0	6	实心球,球形饱满

表9.4　带状灌木及地被表范例

序号 No.	拉丁文 Latin Formal Name	中文名称 Tree Name	规格		种植密度/ 株·m⁻¹ Density	面积/m² Total Number	备注 Notes
			高度/cm Height	冠幅/cm Spread			
1	Duranta repens 'Variegata'	金叶假连翘	70~75	35~40	9	13.8	袋苗
2	Murraya exotica L.	九里香	80~85	40~45	9	41.9	袋苗
3	Buxus sinica Cheng subsp. sinica var. parvifolia M. Cheng	小叶黄杨	80~85	40~45	9	64.6	袋苗
4	Loropetalum Chinense var. rubrum	红继木	40~45	35~40	16	41.7	袋苗
5	Carmona microphylla (lam.) Don	福建茶	65~70	40~45	9	48.8	袋苗
6	Schefflera octophylla(Lour.) Harms	鸭脚木	70~75	40~45	9	49.8	袋苗
7	Excoecaria cochinchinensis Lour.	红背桂	70~75	40~45	9	66.9	袋苗
8	Melastoma candidum D. Don	野牡丹	90~100	50~55	9	46.8	袋苗
9	Breynia nivosa	雪花木	70~75	35~40	16	38	袋苗
10	Colorful arrowroot	彩叶竹芋	35~40	40~45	16	3	3片以上,长30 cm以上的叶片
11	Alpinia zerumbet(Pers.) Burtt. et Smith	艳山姜	35~40	40~45	9	43.2	3片以上,长30 cm以上的叶片
12	Syngonium podophyllum	合果芋	25~30	25~30	36	3.1	袋苗,密种
13	Cuphea ignea (synCplatycentra)	雪茄花	30~35	35~40	25	52.8	袋苗,密种
14	Rosa chinensis Jacq.	月季	10~15	15~20	49	73.8	袋苗(粉色37.6 m²/红色36.2 m²)
15	Zebrina pendula	吊竹梅	10~15	15~20	49	10.4	袋苗,密种
17	Ophiopogon japonicus	麦冬	15~20	20~25	25	54.8	袋苗,密种
18	Zoysia matrella(L.) Merr.	马尼拉草	件袋式(30×30 m/件)			93.3	

9.3　植物种植平面图

9.3.1　乔木种植平面图

1)平面图表达

如果设计范围太大,采用总平面图相同的比例表达不清植物设计信息时,可将植物种植平面图分区设计。分区平面图一般采用1:200~1:300的比例。

种植平面图分乔木种植平面图和灌木种植平面图。由于约定俗成的原因,乔木平面图中除了表达乔木设计外,还经常包括大灌木、竹子等最上层的树木;灌木平面图除了表达灌木设计外,还包括草坪、花卉等植物。准确地说,应该将乔木平面图称为上层植物平面图,将灌木平面图称为下层植物平面图更合适些。

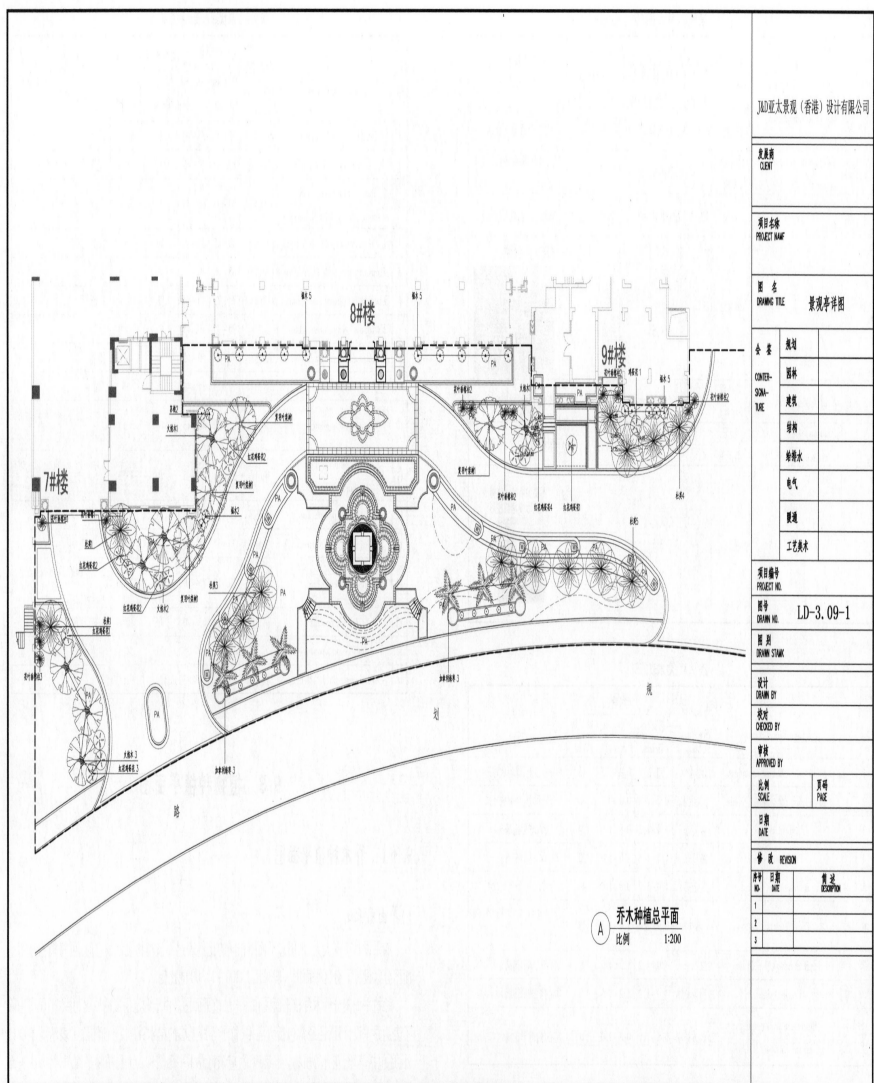

图9.1 乔木种植平面图

乔木种植平面图(图9.1)应表达所有上层植物的图例、位置,并在每一组树木附近用文字说明植物名称和数量,相同的树种应用细线连成一体以免误会或漏掉。树种图例应按照《风景园林图例图示标准》(CJJ 67—2015)的要求区分落叶阔叶、常绿阔叶、落叶针叶、常绿针叶等树木。

为了较准确地对植物定位,植物配置总平面图应采用与定位总平面图相同的网格和坐标;植物图例应具有可识别性,简明易懂,不同的树种采用不同的图例,并应在植物附近用文字标注名称和数量,乔木说明株数,灌木应说明面积;保留的古树名木应单独标明。

对种植位置有严格要求的树木,应放线定位。自然式种植可以用方格网控制距离和位置,方格网用2 m×2 m~10 m×10 m,方格网尽量与定位总平面图的方格线在方向上一致。

当树木距建筑外墙较近时,应标明植物与外墙及地上地下管线设施之间的距离,以避免因施工误差造成种植不符合规范的现象出现。树木与综合管网的距离要求见表9.5、表9.6。

表9.5 树木与架空电力线路导线的最小垂直距离

电压/kV	1~10	35~110	154~220	330
最小垂直距离/m	1.5	3.0	3.5	4.5

表9.6 绿化树木与地下管线外缘的最小水平距离

管线名称	距乔木中心距离/m	距灌木中心距离/m
电力电缆	1.0	1.0
电信电缆(直埋)	1.0	1.0
电信电缆(管道)	1.5	1.0
给水管道	1.5	—
雨水管道	1.5	—
污水管道	1.5	—
燃气管道	1.2	1.2
热力管道	1.5	1.5
排水盲沟	1.0	—

2)设计注意事项

行道树分枝点须在1.8~2.0 m,树高需大于4 m,间距4~6 m。

商业区植栽设计不得妨碍人们浏览商铺招牌、门面,不可正对商铺大门。

建筑北向,靠近房基处不宜种植乔木或大灌木,以免遮挡窗户的采光和通风;建筑南向应种落叶乔木,以遮挡夏日阳光,又不遮挡冬日阳光,而建筑西侧则宜种植高大落叶乔木以防夏日西晒。

车库顶板上不可选用榕树等根系发达植物,且景观布置必须检验是否超过顶板的允许荷载。

常绿乔木:区域内同一品种的乔木最好不超过绿化总造价的5%,相邻种植乔木规格不得

相同。胸径>12 cm,占总乔木数20%左右。重点地段点缀名贵乔木,散置2~3棵,规则布置几棵。水边、边坡地段可采取特型乔木。

落叶乔木、变色树种:区域内同一品种的乔木造价最好不超过绿化造价的5%,相邻种植乔木规格不得相同(行道树除外)。胸径>15 cm,占总乔木数20%左右。重点地段点缀名贵乔木。边坡地采取特型乔木。

9.3.2 灌木、地被种植平面图

1)设计表达

灌木平面图(图9.2、图9.3)中应按照《风景园林图例图示标准》(CJJ 67—2015)的要求表达灌木的种植形式,如自然式、绿篱、镶边植物等,并在其附近用文字说明植物名称和数量(棵数或面积)。

规则式设计的花坛,因纹样细部信息较多,应放大设计,以较大比例的平面图对其准确定位,并标明植物名称和数量。

2)设计注意事项

灌木:灌木占绿化造价的7%。栽植在墙角、水边,起遮丑和柔化作用。层次丰富。

草坪与地被:草坪占有比例>30%。南方以暖季型草如结缕草、狗牙根等为主;北方以冷季型如黑麦草、高羊茅为主;地灌要求丰富,重点区域宜考虑一年生花卉。

花架需种植爬藤、开花植物,但金属构架不能种植爬藤植物。高于1.2 m的挡土墙,如无其他景观要求,都要使用爬藤及悬垂植物进行挡墙绿化。

湿地植物选用耐水、湿植物,如风车草、纸莎草、香蒲、再力等。水景内无其他要求的,应种植挺水植物与漂水植物。

为增强首层住户的私密性,在距窗1 m左右处植一排花灌木,高度高出窗台300~500 mm,既可以遮挡外面的视线,又使房内的人有景可赏,同时不影响采光通风。

9.4 微地形设计

采用坡地景观,使坡地绿化面积比平面绿化面积达1.15:1,这样有利于有各类植物搭配,增强绿化层次感,也可以有效保障底层住宅的私密性。

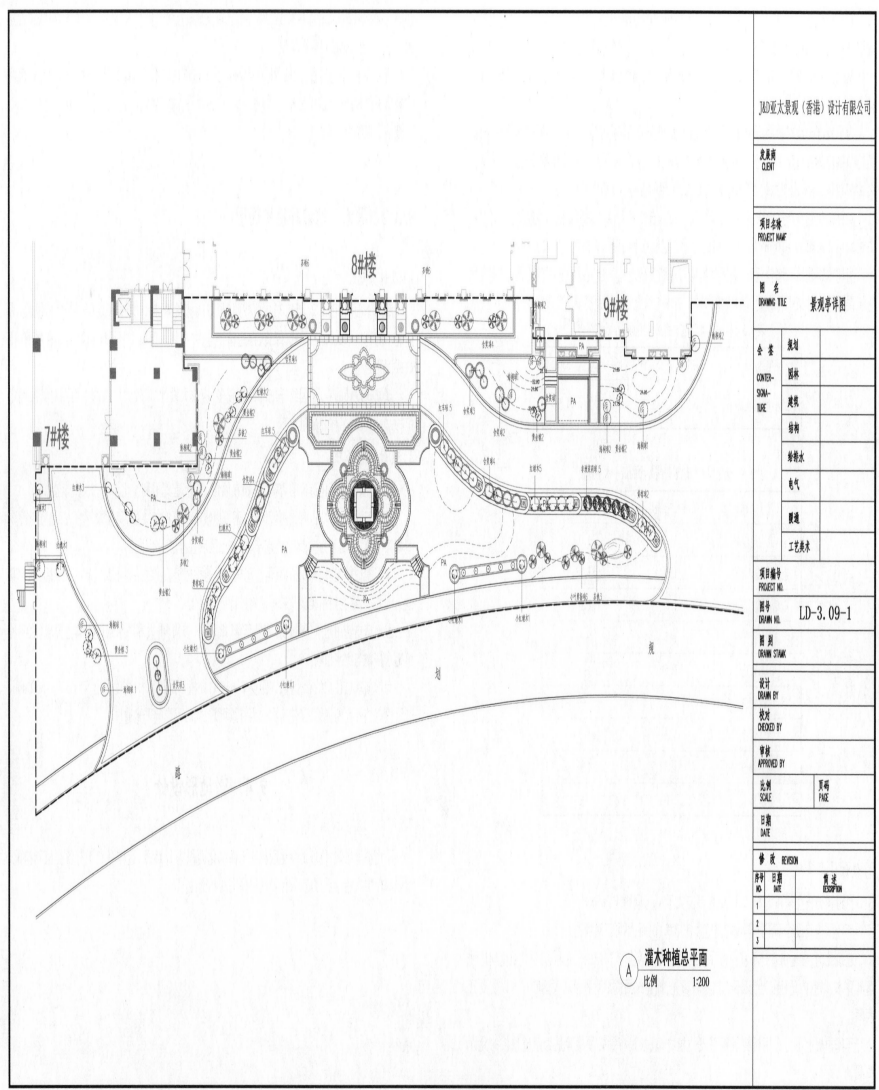

图9.2　灌木种植平面图

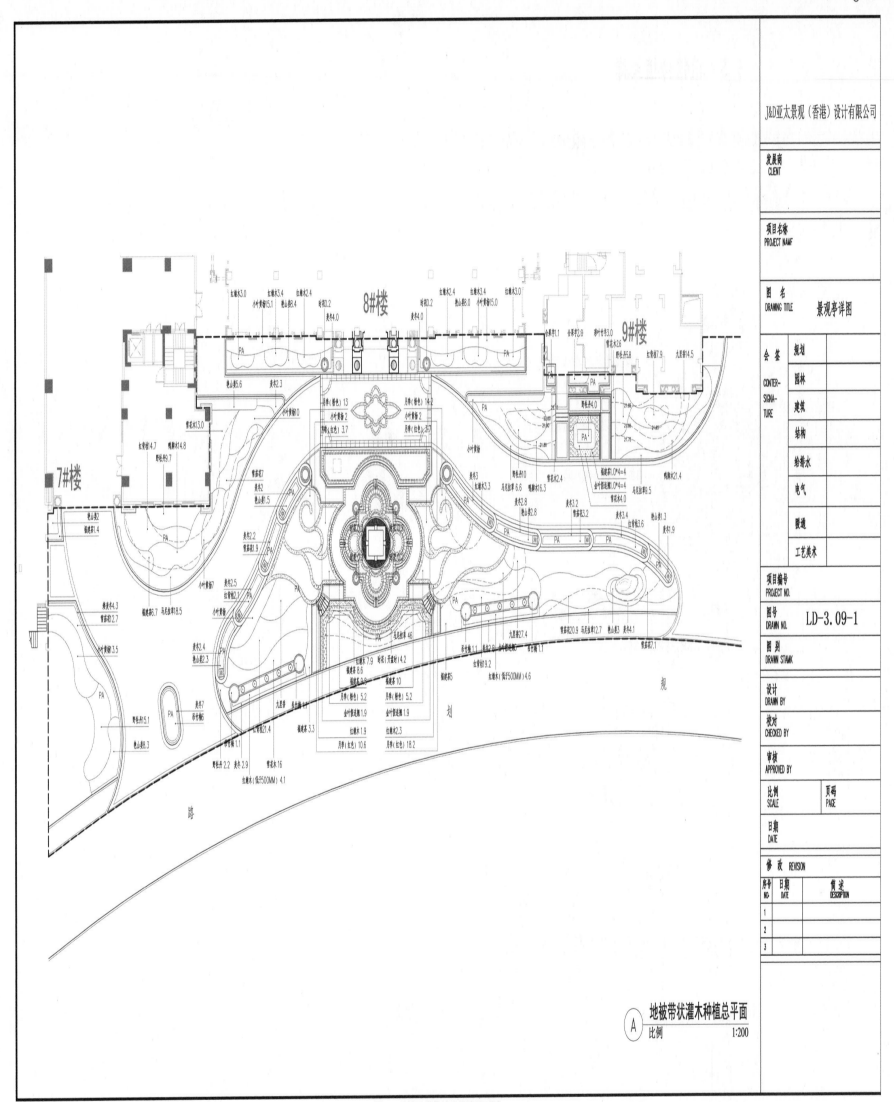

J&D亚太景观（香港）设计有限公司

发展商
CLIENT

项目名称
PROJECT NAME

图　名
DRAWING TITLE　景观亭详图

会签 CONTER-SIGNA-TURE	规划	
	园林	
	建筑	
	结构	
	给排水	
	电气	
	暖通	
	工艺美术	

项目编号
PROJECT NO.

图号
DRAWN NO.　LD-3.09-1

图　列
DRAWN STAMK

设计
DRAWN BY

校对
CHECKED BY

审核
APPROVED BY

比例 SCALE	页码 PAGE

日期
DATE

修改 REVISION

序号 NO.	日期 DATE	简述 DESCRIPTION
1		
2		
3		

A　地被带状灌木种植总平面
比例　　　1:200

图9.3　地被及带状植物种植平面图

9.5　植物种植大样

当对植物立面造型要求较高时,应补充立面图以便规定植物的立面种植效果。如结合山石的植物,应以立面图表明与山石的构图关系、位置、数量等。

如果对特殊树木种植方式有特殊规定时,如边坡绿化(图9.4)、水池绿化(图9.5)等,也需要以剖面图形式表达。

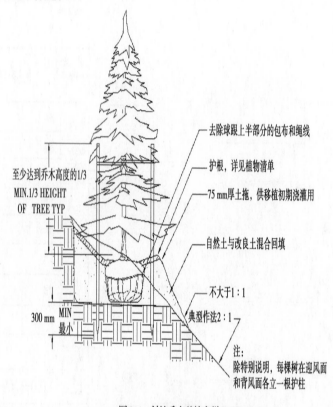

图9.4　斜坡乔木种植大样

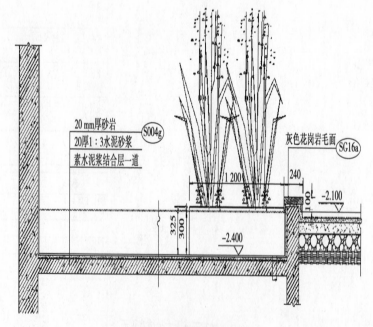

图9.5　水池种植槽标准大样

附 录

附录1　某居住区景观施工图设计说明

1　设计依据

1.1　国家和南京市颁发的有关工程建设的各类规范、规定与标准。

1.2　业主提供的有关资料。

1.3　经批准的景观规划设计方案及初步设计文件。

2　设计深度

按照"建筑工程设计文件编制深度的规定"中景观施工图设计深度的要求,以及本设计单位内部技术管理条例有关深度要求。

3　设计内容

本设计分3个部分:总平面布局及索引、地面铺装、园林建筑小品及大样详图。

4　图例及设计技术说明

4.1　设计技术说明

4.1.1　本工程总平面的设计标高采用绝对标高值,园建单位及立、剖设计除特别注明外,皆采用相对标高值,其±0.00相对绝对标高值,详见各图中附注,本工程设计绝对标高由甲方提供的现场测量标高值及建筑施工图设计标高。

4.1.2　本工程设计中除标高及网格定位以米(m)为单位外,其余尺寸均以毫米(mm)为单位。

4.1.3　本工程设计中指距地高度均指离开完成面的高度。

4.1.4　本工程设计中所注材料配合比除注明重量比外,其余的均为体积比。

4.1.5　其他相关专业(结构、水、电等)的配合,见相关专业施工图。

4.1.6　本工程利用的各类设备(给排水、机电等),应在工程室外环境施工之前由甲方负责组织相关的设备技术施工图,经本设计单位会审通过后,由厂家或安装单位派专人赴现场配合室外环境工程施工。

4.1.7　设计选用新型材料产品时,其产品的质量和性能必须经过检测符合国家标准后方

可采用,并由生产厂家负责指导施工以保证施工质量。

4.2　不得按比例量尺寸,须以图面标注尺寸及现场土建为准,如有尺寸不详或不准,须征求设计师意见。

4.3　图例:混凝土除标注外,均为C20混凝土,"φ"代表一级钢筋,Rg=2 400 kg/cm³,"φ"代表二级钢筋,Rg=3 400 kg/cm³。

4.4　所有砖砌体均采用黏土砖,强度>Mu7.5,所有砖砌体采用M5.0水泥砂浆砌筑。

4.5　地面变形缝设置要求(面层与垫层伸缩缝应对应设置)。

4.5.1　伸缝:混凝土垫层应设置伸缝,其纵向间距应小于30 m,采用沥青胶泥填缝。

4.5.2　缩缝:混凝土垫层应设置横向缩缝,其纵向间距不大于4 m,其横向间距不大于6 m,缩缝均为假缝(1:3水泥砂浆填缝)。

4.6　未作说明严格按建筑施工操作规程及有关规范执行。

5　做法说明

5.1　特殊做法

5.1.1　墙体工程:本工程所有在地库上方的墙体基础均落到地库顶板上。

5.1.2　防水层做法:采用BBS防水卷材。

5.1.3　在地库上方的素土夯实,从地库顶板起分层夯实至结构层。

5.1.4　排水:美力9000排水系统建议改为上海凯迪科技实业公司的排疏板。

5.2　统一做法说明

5.2.1　地面铺装。

石材面:素土人工夯实(非地下室范围可采用机械夯实)。

100厚C15素混凝土垫层,30厚1:3干硬性水泥砂浆铺石材面,石材的品种、规格等另详见有关图纸,混凝土垫层应设伸缩缝,间隔为6~8 mm,设置一般设于较为对称的位置,并注意避开水体。

5.2.2　油漆。

金属构件金属面一般均需经洗净、擦,并且用金属丝刷除去已上油漆的铁和钢上所有秽垢锈,应用防锈漆和底漆、面漆,油漆做法见相关油漆使用说明。花架、栏杆外露铁件需采用热镀锌工艺处理。面漆颜色见具体设计,金属构件油漆具体要求按照供应商提供之样品并以设计师最终确认为准。

6　竖向设计

6.1　施工方应对整个设计范围内最终实施的地形、场地、路面及排水的最终效果负责。施工前对照相关专业施工图纸,粗略核实相对场地标高,并对有疑问及施工现场相矛盾之处提醒设计师注意,以便在施工前解决此类问题。

6.2　对于车行道路路面标高,道路断面设计,室外管线综合系统等均应参照建施总平面图的设计,施工方应于施工前对照建施总平面图核实本工程竖向设计平面图中注明的竖向设计信息。

6.3　路面排水、场地排水、种植区排水、穿孔排水管线等的布置与设计均应与室外雨水系统相连接,并应与建施总平面图密切配合使用。

6.4　本工程设计中如无特殊标明,竖向设计坡度按下列坡度设计:

广场及庭院:如无特殊指明,坡向排水方向,坡度 0.5%。

道路横坡:如无特殊指明,坡向路沿,坡度 1.0%。

台阶及坡道的休息平台:如无特殊指明,坡向排水方向 1.0%。

种植区:如无特殊指明,坡向排水方向,坡度 2.0%。

6.5 所有种植区与路面交接处,如无特殊指明,应比路面低 0.05 m。

6.6 地形设计标高为最终完成标高,堆坡时需作压实处理。

6.7 所有地面排水,应从构筑物基座或建筑外墙面向外找坡最小 2%。

6.8 施工前施工方应与业主协调建筑入口处向室内外高差关系,并知会设计师以便协调室外场地竖向关系。

7 安全措施

本工程所有设计均应满足国家及地方现行的有关工程与建筑设计的各类规范、规定及标准。

7.1 硬地人工水体的近岸(如水池、湖边、溪流等),如未设栏杆,其 2 m 范围内水深不大于 0.7 m,园桥、汀步附近 2 m 范围内水深不大于 0.5 m,河道及湖区离驳岸需设至少 1 m 宽安全平台,水深不大于 0.7 m。

7.2 儿童戏水池活动器械的布置需满足厂家基本安全要求。

8 室外工程材料及构造措施

8.1 道路及广场

本设计如无特殊指明,所有广场及道路基层做法可参照建施中的相关内容,或参照《华东地区建筑设计标准图集》中的相关内容,广场面积大于 100 m² 时应设置伸缩缝,道路基层每隔 6 m 应设置伸缩缝,缝宽 10 mm,做法如无特殊指明,详见 03J012-1,台阶或坡道平台与建筑外墙面之间须设变形缝,缝宽 30 mm,灌建筑嵌缝油膏,深 50 mm,地面石材铺装留缝除特殊指明外应≤2 mm,地面混凝土砖铺装留缝除特殊指明外均应≤5 mm,铺装依施工放线而定,所有曲线需按方格网放线以保证曲线流畅、自然。

8.2 除结构工程师特殊照明,砖砌体用 Mu7.5 砖、M5 水泥砂浆砌筑。

8.3 除特殊说明外,所有设计细部、选材、饰面均需按园林建筑师指定做法完成。

8.4 本次园林设计如涉及有关建筑结构顶板(底板)及围护结构,本设计如无特殊照明,则其有关构造做法及措施参照建筑施工图设计。

8.5 为保证视觉景观效果的统一,所有位于广场及园林路面的井盖均应做双层井盖,面积做法应与周围铺装一致。

8.6 所有外露铁件,应于完成最终饰面之前,按照相关施工规范进行除锈、防锈处理。

8.7 所有木件均应采用一级木料,其含水率不大于 18%,须经过防腐处理后方可使用。

防腐处理方法一:木料采用强化防腐油涂刷 2~3 次,强化防腐油配合比 90% 混合防腐油,3% 氯酚(用于地面以下)。

防腐处理方法二:喷清油两遍,第一遍采用生油(未炼制,未加催干剂的干性油),待油已完全渗入木材而尚未完全固化前,喷第二遍清油(Y-00-1 型),待其干燥后,用砂纸顺木纹方向磨除表面漆膜即可。

注意:所用油料需经脱色处理,颜色为淡色透明(用于地面以上和小品中)。

8.8 所有室外墙面所用之外墙涂料,均应具有防水、防污及适应当地气候条件的耐候性。

8.9 所有室外地面所用之天然石材铺装材料,均应按照相关规范要求进行防碱、防污处理。

9 地面铺装构造

9.1 花岗岩铺装:

30 厚光面花岗岩面层

25 厚水泥砂浆黏结层

100 厚 C10 混凝土(上、下 φ8@150 双向配筋)

150 厚碎石垫层

素土夯实(碾压密实度>95%)

9.2 包砖铺装:

80 厚渗水面包砖

130 厚 1:3 干硬性水泥砂浆结合层

100 厚 C10 混凝土垫层

150 厚碎石垫层

素土夯实(碾压密实度>95%)

9.3 ……

10 施工要求

10.1 凡本设计采用的涉及景观造型、色彩、质感、大小、尺寸、性能、安全方面的材料,除按本设计图纸要求外,均须报小样,经甲方及设计单位审核后方可采用。

10.2 施工时应按图施工,如有改变,需征得设计单位同意,如替换材料及饰面,需取得甲方及建筑师的同意。

10.3 休闲椅、垃圾箱等室外家具的选型,应依据园林建筑师的设计意向,结合整个景观区域的风格,由甲方协同园林建筑师最终选定相应的配套设施。

10.4 地下管线应在绿化施工前铺设。

10.5 本工程的墙体,除技术性功能需求外,同时有装饰的要求,不论是否有石材饰面或砖砌毛石均按结构图纸施工外,应同时注意建筑专业图纸中的有关要求,对外露精细施工。

10.6 本工程设计消防通道经过的路牙皆采用下降式路牙作为过渡。

附录 2 竖向设计的相关规范和规定

1. 关于边坡坡度相关规范

《工业企业总平面设计规范》(GB 50187—1993)规定:

第 6.3.4 条 场地挖方、填方边坡的坡度允许值,应根据地质条件、边坡高度和拟采用的施工方法,结合当地的实际经验确定。

挖方边坡,当山坡稳定,地质条件良好,土(岩)质比较均匀时,其坡度可按表 6.3.4.1 和表 6.3.4.2 确定。

表6.3.4.1 挖方岩石边坡坡度允许值

岩石的类别	风化程度	坡高允许值(高宽比)	
		坡高在8 m以内	坡高8~15 m
硬质岩石	微风化	1:0.10~1:0.20	1:0.20~1:0.35
	中等风化	1:0.20~1:0.35	1:0.35~1:0.50
	强风化	1:0.35~1:0.50	1:0.50~1:0.75
软质岩石	微风化	1:0.35~1:0.50	1:0.50~1:0.75
	中等风化	1:0.50~1:0.75	1:0.75~1:1.00
	强风化	1:0.75~1:1.00	1:1.00~1:1.25

表6.3.4.2 挖方土质边坡坡度允许值

土的类别	密实度或状态	坡度允许值(高宽比)	
		坡高在5 m以内	坡高5~10 m
碎石土	密实	1:0.35~1:0.50	1:0.50~1:0.75
	中密	1:0.50~1:0.75	1:0.75~1:1.00
	稍密	1:0.75~1:1.00	1:1.00~1:1.25
粉土	$S_r \leq 0.5$	1:1.00~1:1.25	1:1.25~1:1.50
黏性土	坚硬	1:0.75~1:1.00	1:1.00~1:1.25
	硬塑	1:1.00~1:1.25	1:1.25~1:1.50
黄土	老黄土	1:0.30~1:0.75	
	新黄土	1:0.75~1:1.25	

注:①表中碎石土的充填物为坚硬或硬塑状态的黏性土。

②对砂土或充填物为砂土的碎石土,其边坡坡度允许值按自然休止角确定。

③S_r为饱和度(%)。

填方边坡,如基底地质良好,其边坡坡度可按表6.3.4.3确定。

表6.3.4.3 填方边坡坡度允许值

填料类别	边坡最大高度/m			边坡坡高(高宽比)		
	全部高度	上部高度	下部高度	全部高度	上部坡度	下部坡度
黏性土	20	8	12	—	1:1.5	1:1.75
砾石土、粗砂、中砂	12	—		1:1.5		
碎石土、卵石土	20	12	8		1:1.5	1:1.75
填料类别	边坡最大高度/m			边坡坡度(高宽比)		
	全部高度	上部高度	下部高度	全部坡度	上部坡度	下部坡度
不易风化的石块	8			1:1.3		
	20			1:1.5		

注:①用大于25 cm的石块填筑的路堤,且边坡采用干砌者,其边坡坡度应根据具体情况确定。

②在地面横坡陡于1:5的山坡上填方时,应将原地面挖成台阶,台阶宽度不宜小于1 m。

2. 关于场地适用坡度相关规范

A.《城市居住区规划设计规范》(GB 50180—93)(2002年版)规定:

第9.0.2.2条 各种场地的适用坡度,应符合表9.0.1规定:

表9.0.1 各种场地的适用坡度

场地名称	适用坡度/%	场地名称	适用坡度/%
密实性地面和广场	0.3~3.0	杂用场地	0.3~2.9
广场兼停车场	0.2~0.5	绿地	0.5~1.0
儿童游戏场	0.3~2.5	湿陷性黄土地面	0.5~7.0
运动场	0.2~0.5		

B.《全国民用建筑工程设计技术措施 规划·建筑 2003》规定:

3.2.2 各种场地的设计坡度应符合表3.2.2的规定。

表3.2.2 各种场地设计坡度

场地名称	适用坡度/%	最大坡度/%	备 注
密实性地面和广场	0.3~3.0	3.0	广场可根据其形状、大小、地形,设计成单面坡、双面坡或多面坡。一般平坦地区,广场最大坡应≤1%,最小坡度>0.3%
停车场	0.25~0.5	1.0~2.0	停车场一般坡为0.5%
室外场地 1.儿童游戏场 2.运动场 3.杂用场地 4.一般场地	0.3~2.5 0.2~0.5 0.3~3.0 0.2		
绿 地	0.5~5.0	10.0	
湿陷性黄土地面	0.7~7.0	8.0	

3. 关于广场设计坡度相关规定

A.《城市道路设计规范》(CJJ 37—90)规定:

第11.1.5条 广场竖向设计应根据平面布置、地形、土方工程、地下管线、广场上主要建筑物标高、周围道路标高与排水要求等进行,并考虑广场整体布置的美观。

广场排水应考虑广场地形的坡向、面积大小、相连接道路的排水设施,采用单向或多向排水。

广场设计坡度,平原地区应小于或等于1%,最小为0.3%;丘陵和山区应小于或等于3%。地形困难时,可建成阶梯式广场。与广场相连接的道路纵坡度以0.5%~2%为宜。困难时最大纵坡度不应大于7%,积雪及寒冷地区不应大于6%,但在出入口处应设置纵坡度小于或等于2%的缓坡段。

B.《城市用地竖向规划规范》(CJJ 83—99)规定:

第7.0.4条　广场竖向规划除满足自身功能要求外,尚应与相邻道路和建筑物相衔接。广场的最小坡度为0.3%;最大坡度平原地区应为1%,丘陵和山区应为3%。

4.关于地面排水相关规定

A.《民用建筑设计通则》(GB 50352—2005)规定:

5.3.2　建筑基地地面排水应符合下列规定:

1.基地内应有排除地面及路面雨水至城市排水系统的措施。排水方式应根据城市规划的要求确定,有条件的地区应采取雨水回收利用措施。

2.采用车行道排泄地面雨水时,雨水口形式及数量应根据汇水面积、流量、道路纵坡等确定。

3.单侧排水的道路及低洼易积水的地段,应采取排雨水时不影响交通和路面清洁的措施。

B.《工业企业总平面图设计规范》(GB 50187—93)规定:

第6.4.5条　场地的排水明沟,宜采用矩形或梯形断面。

明沟起点的深度,不宜小于0.2 m,矩形明沟的沟底宽度,不应小于0.4 m,梯形明沟的沟底宽度,不应小于0.3 m。

明沟的纵坡,不应小于0.3%;在地形平坦的困难地段,不应小于0.2%。

按流量计算的明沟,沟顶应高于计算水位0.2 m以上。

第6.4.6条　雨水口应位于集水方便、与雨水管道有良好连接条件的地段。雨水口的间距,宜为25~50 m。当道路纵坡大于2%时,雨水口的间距可大于50 m。其形式、数量和布置,应根据具体情况和计算确定。当道路的破断交短时,可在最低点处集中收水,其雨水口的数量应适当增加。

第6.4.7条　在山坡地带建厂时,应在厂区上方设置山坡截水沟。截水沟至厂区挖方坡顶的距离,不宜小于5 m。当挖方边坡不高或截水沟铺砌加固时,此距离不应小于2.5 m。

C.《城市用地竖向规划规范》(CJJ 83—99)规定:

第8.0.2条　城市用地地面排水应符合下列规定:

1.地面排水坡度不宜小于0.2%;坡度小于0.2%时宜采用多坡向或特殊措施排水。

2.地块的规划高程应比周边道路的最低路段高程高出0.2 m以上。

3.用地的规划高程应高于多年平均地下水位。

5.关于地面坡度、道路坡度和纵坡控制相关规定

A.《民用建筑设计通则》(JB 50352—2005)规定:

5.3.1　建筑基地地面和道路坡度应符合下列规定:

1.基地地面坡度不应小于0.2%,地面坡度大于8%时宜分成台地,台地连接处应设挡墙或护坡。

2.基地机动车道的纵坡不应小于0.2%,也不应大于8%,其坡长不应大于200 m,在个别路段可不大于11%,其坡长不应大于80 m,在多雪严寒地区不应大于5%,其坡长不应大于600 m;横坡应为1%~2%。

3.基地非机动车道的纵坡不应小于0.2,也不应大于3%,其坡长不应大于50 m;多雪严寒地区不应大于2%,其坡长不应大于100 m;横坡应为1%~2%。

4.基地步行道的纵坡不应小于0.2%,也不应大于8%,多雪严寒地区不应大于4%,横坡应为1%~2%。

5.基地内人流活动的主要地段,应设置无障碍人行道。

注:山地和丘陵地区竖向设计尚应符合有关规范的规定。

B.《城市居住区规划设计规范》(JB 50180—93)(2002年版)规定:

第8.0.3.1条　居住区内道路纵坡控制指标符合表8.0.3的规定:

表8.0.3　居住区内道路纵坡控制指标(%)

道路类别	最小纵坡	最大纵坡	多雪严寒地区最大纵坡
机动车道	≥0.2	≤0.8　L≤200 m	≤5.0　L≤600 m
非机动车道	≥0.2	≤3.0　L≤50 m	≤2.0　L≤100 m
步行道	≥0.2	≤8.0	≤4.0

注:L为坡长(m)。

第8.0.5.4条　在居住区内公共活动中心,应设置为残疾人通行的无障碍通道。通行轮椅车的坡道宽度不应小于2.5 m,纵坡不应大于2.5%。

第8.0.5.6条　当居住区内用地坡度大于8%时,应辅以梯步解决竖向交通,并宜在梯步旁附设推行自行车的坡道。

第8.0.5.7条　在多雪严寒的山坡地区,居住区内道路路面应考虑防滑措施;在地震设防地区,居住区内的主要道路,宜采用柔性路面。

C.《城市道路设计规范》(CJJ 37—90)规定:

第5.2.2条　机动车车行道最大纵坡度推荐值与限制值见表5.2.2。

表5.2.2　最大纵坡度

计算行车速度/(km·h⁻¹)	40	30	20
最大纵坡度推荐值/%	6	7	8
最大纵坡度限制值/%	8	9	

注:①海拔3 000~4 000 m的高原城市道路的最大纵坡度推荐值按表列数值减少1%。
　　②积雪寒冷地区最大纵坡度推荐值不得超过6%。

第5.2.3条　坡长限制规定如下:

1.设计纵坡度大于表5.2.2所列推荐值时,可按表5.2.3.1的规定限制坡长。设计纵坡度超过5%,坡长超过表5.2.3.1规定值时,应设纵坡缓和段。缓和段的坡度为3%,长度应符合本条第二款规定。

表5.2.3.1　纵坡限制坡长

计算行车速度/(km·h⁻¹)	40		
纵坡度/%	6.5	7	8
纵坡限制坡长/m	300	250	200

2. 各级道路纵坡最小长度应大于或等于表 5.2.3.2 的数值,并大于相邻两个竖曲线切线长度之和。

表 5.2.3.2　纵坡坡段最小长度

计算行车速度/(km·h⁻¹)	40	30	20
坡段最小长度/m	110	85	60

D.《城市用地竖向规划规范》(CJJ 83—99)规定:

第 7.0.2 条　道路规划纵坡和横坡的确定,应符合下列规定:

1. 机动车车行道规划纵坡应符合表 7.0.2.1 的规定;海拔 3 000~4 000 m 的高原城市道路的最大纵坡不得大于 6%。

2. 非机动车车行道规划纵坡宜小于 2.5%。大于或等于 2.5% 时,应按表 7.0.2.2 的规定限制坡长。机动车与非机动车混行道路,其纵坡应按非机动车车行道的纵坡取值。

表 7.0.2.1　机动车车行道规划纵坡

道路类别	最小纵坡/%	最大纵坡/%	最小坡长/m
快速路	0.2	4	290
主干路		5	170
次干路		6	110
支(街坊)路		8	60

表 7.0.2.2　非机动车车行道规划纵坡与限制坡长/m

限制坡长/m　　车种　　坡度/%	自行车	三轮车、板车
3.5	150	-
3.0	200	100
2.5	300	150

E.《厂矿道路设计规范》(GBJ 22—87)规定:

第 2.2.14 条　厂外道路纵坡连续大于 5% 时,应在不大于表 2.2.14.1 所规定的长度储设置缓和坡段。缓和坡段的坡度不应大于 3%,长度不应小于 100 m。当受地形条件限制时,三、四级厂外道路和辅助道路的缓和坡段长度分别不应小于 80 m 和 50 m。

表 2.2.14.1　道路纵坡与限制坡长

道路纵坡/%	>5~6	>6~7	>7~8	>8~9	>9~10	>10~11
限制坡长/m	800	500	300	200	150	100

第 2.3.7 条　厂内道路的纵坡,不应大于表 2.3.7 的规定。在海拔 3 000 m 以上的地区,厂内道路最大纵坡值得折减,应按本规范第 2.2.13 条的规定采用。

表 2.3.7　厂内道路最大纵坡

厂内道路类别	主干道	次干道	支道、车间引道
最大纵坡/%	6	8	9

注:①当场地条件困难时,次干道的最大纵坡可增加 1%,主干道、支道、车间引道的自大纵坡可增加 2%。但在海拔 2 000 m 以上地区,不得增加;在寒冷冰冻、积雪地区,不应大于 8%。交通运输较繁忙的车间引道的最大纵坡,不宜增加。

②经常运输易燃,易爆危险品专用道路的最大纵坡,不得大于 6%。

厂内道路纵坡连续大于 5% 时,应在不大于本规范表 2.2.14.1 所规定的长度处设置缓和坡段。缓和坡段的坡度不应大于 3%,长度不宜小于 50 m。

当主,次干道和支道纵坡变更处的相邻两个坡度代数差大于 2% 时,应设置竖曲线,竖曲线半径不应小于 100 m,竖曲线长度不宜小于 15 m。

F.《全国民用建筑工程设计技术措施　规划·建筑　2003》规定:

4.3.1　道路纵坡

3. 在地形坡度较大的个别困难地段,道路纵坡不宜大于 11%,其坡长不超过 100 m,路面应有防滑措施。

6. 关于路拱设计坡度相关规定

A.《城市道路设计规范》(CJJ 37—90)规定:

第 4.8.2 条　路拱设计坡度应根据路面宽度、面层类型、计算行车速度、纵坡及气候等条件确定,见表 4.8.2。

表 4.8.2　路拱设计坡度

路面面层类型	路拱设计坡度 i/%	路面面层类型	路拱设计坡度 i/%
水泥混凝土	1.0~2.0	沥青贯入式碎(砾)石	1.5~2.0
沥青混凝土		沥青表面处治	
沥青碎石		碎(砾)石等粒料路面	2.0~3.0

注:①快速路路拱设计坡度宜采用大值。

②纵坡坡度大时取小值,纵坡坡度小时取大值。

③严寒积雪地区路拱设计坡度宜采用小值。

B.《厂矿道路设计规范》(GBJ 22—87)规定:

第 4.1.4 条　路拱形式,可根据路面面层类型确定。水泥混凝土路面,可采用直线形路拱;沥青路面和整齐块石路面,可采用直线加圆弧形路拱;粒料路面、改善土路面和半整齐、不整齐块石路面,可采用一次半抛物线形路拱。

路拱坡度,应满足路面排水和行车平稳的要求,可根据路面面层类型、自然条件等,按表 4.1.4 所列数值范围采用。

表4.1.4 路拱坡度

路面面层类型	路拱横坡/%	路面面层类型	路拱横坡/%
水泥混凝土路面	1.0~2.0	半整齐,不整齐石块路面	2.0~3.0
沥青混凝土路面	1.0~2.0	粒料路面	2.5~3.5
其他沥青路面	1.5~2.5	改善土路面	3.0~4.0
整齐石块路面	1.5~2.5		

注:在年降雨量较大的道路上,宜采用上限;在年降雨量较小或有冰冻、积雪的道路上,宜采用下限。

C.《全国民用建筑工程设计技术措施 规划·建筑 2003》规定:

4.3.6 道路横坡

1.机动车、非机动车道路横坡为1.5%~2.5%。

2.人行道横坡为1.0%~2.0%。

D.《城市用地竖向规划规范》(CJJ 83—99)规定:

第7.0.2条 3.道路的横坡应为1%~2%。

参考文献

[1] 黄鹜.建筑施工图设计[M].武汉:华中科技大学出版社,2009.

[2] 徐锡权,陈秀云.建筑施工图设计[M].北京:中国水利水电出版社,2011.

[3] 汪辉,汪松陵.园林规划设计[M].北京:化学工业出版社,2012.

[4] 吴立威.园林工程设计[M].北京:机械工业出版社,2012.

[5] 935景观工作室.园林细部设计与构造图集[M].北京:化学工业出版社,2011.

[6] 孙勇.景观工程——设计、制图与实例[M].北京:化学工业出版社,2010.

[7] 金涛.园林景观小品应用艺术大观[M].北京:中国城市出版社,2003.

[8] 韩玉娟.景观工程细部CAD图集——铺地[M].武汉:华中科技大学出版社,2011.

[9] 赵晓光.场地设计(作图)应试指南[M].3版.北京:中国建筑工业出版社,2008.

[10] 筑龙网 http://www.zhulong.com/.